高等职业教育本科食品类专业规划教材

食品微生物检验技术

（供食品工程技术、食品质量与安全、食品营养与健康等专业用）

主　编　汤海青　章海通

副主编　欧昌荣　王艺熹　朱　菲　洪芬芬

编　者　（以姓氏笔画为序）

丁向红（宁波美成生物科技有限公司）

王艺熹（浙江药科职业大学）

朱　菲（浙江药科职业大学）

汤海青（浙江药科职业大学）

欧昌荣（宁波大学）

洪芬芬（浙江药科职业大学）

徐连应（浙江药科职业大学）

章海通（宁波市产品食品质量检验研究院）

中国健康传媒集团

中国医药科技出版社 · 北京

内 容 提 要

食品微生物检验技术是一门融合微生物学、生物化学、分析化学与食品科学等多学科知识的实践性课程。本教材以培养职业本科学生扎实的检测操作能力和科学分析思维为目标，系统讲解食品微生物检验的基础理论、标准方法及前沿技术，并结合乳制品、肉制品、饮料、发酵食品等典型品类展开案例解析。本教材为书网融合教材，即纸质教材有机融合电子教材、教学配套资源（PPT、图片等），使教学资源更加多样化、立体化。

本教材主要供职业本科院校食品工程技术、食品质量与安全、食品营养与健康等专业教学使用，同时也可供食品企业质检部门、第三方检测机构从业人员的岗位培训和进修使用。

图书在版编目（CIP）数据

食品微生物检验技术／汤海青，章海通主编.

北京：中国医药科技出版社，2025.6. -- ISBN 978-7 -5214-5384-3

Ⅰ. TS207.4

中国国家版本馆 CIP 数据核字第 2025VU5911 号

美术编辑　陈君杞
版式设计　友全图文

出版　**中国健康传媒集团**｜中国医药科技出版社
地址　北京市海淀区文慧园北路甲 22 号
邮编　100082
电话　发行：010 - 62227427　邮购：010 - 62236938
网址　www.cmstp.com
规格　889mm×1194mm $\frac{1}{16}$
印张　8 $\frac{1}{2}$
字数　243 千字
版次　2025 年 6 月第 1 版
印次　2025 年 6 月第 1 次印刷
印刷　北京侨友印刷有限公司
经销　全国各地新华书店
书号　ISBN 978-7-5214-5384-3
定价　**39.00 元**

获取新书信息、投稿、为图书纠错，请扫码联系我们。

前言 PREFACE

食品产业的快速发展对食品安全与质量控制提出了更高要求，微生物检验作为食品卫生安全的核心保障技术，已成为食品产业链中不可或缺的关键环节。职业本科教育以培养高素质技术技能人才为目标，注重理论与实践深度融合、岗位能力与行业需求精准对接。本教材立足职业本科人才培养定位，紧扣食品微生物检验岗位的核心技能要求，以"项目引领、任务驱动"为编写理念，构建了从基础知识到前沿技术的完整知识体系，旨在培养兼具规范操作能力、科学分析思维和问题解决能力的应用型人才。

教材以食品安全国家标准等标准法规为基准，结合行业最新检测技术与数字化发展趋势，设计了七个项目，覆盖食品微生物检验的全流程。每个项目均以"学习目标"为起点，通过"知识学习"夯实理论基础，依托"任务实施"强化实践能力，并以"任务考核"形成闭环评价。建议教学中结合虚拟仿真软件、企业实景实训等资源，深化产教融合，提升教学效果。教材突出以下特色。

（1）项目式架构，对接岗位流程　围绕食品微生物检验的实际工作流程，从实验室基础管理、样品采集处理、基础实验技术到细菌学检测、致病菌鉴定及快检技术应用，层层递进，形成"学—做—评"一体化的学习路径。

（2）任务驱动，强化实战能力　每个任务均以"任务发布—实施—考核"为主线，通过真实案例解析引导学生完成设备操作、数据分析、报告编制等关键环节，培养岗位胜任力。

（3）技术融合，覆盖行业前沿　在传统培养鉴定方法基础上，系统引入 PCR、免疫层析、生物传感器等快速检测技术，助力学生适应行业技术升级需求。

（4）标准导向，注重规范意识　强调实验室安全规范、设备校准验证、培养基质量控制等细节，培养学生严谨的科学态度与标准化操作习惯，为学生理解和应对检验检测机构资质认证（如 CMA、CNAS）奠定基础。

本教材编写过程中，吸纳了食品企业质检专家、第三方检测机构技术骨干及职业院校和普通高校教师的多元视角，确保内容既符合教学规律，又紧贴行业实际。编写团队谨向提供技术支持的行业专家、参考文献作者及编审团队致以诚挚谢意。

本教材由汤海青、章海通担任主编，具体分工如下：项目一由汤海青、章海通编写，项目二由欧昌荣编写，项目三由王艺熹编写，项目四由丁向红、朱菲编写，项目五由洪芬芬、徐连应编写，项目六由汤海青编写，项目七由章海通编写。

限于编者水平与经验，书中难免存在疏漏，恳请广大师生和业界同仁批评指正，也衷心希望各位读者能提出宝贵的意见，以便我们持续完善此书。

编　者
2025 年 3 月

CONTENTS 目录

项目一 认识食品微生物检验 ································· 1

任务一 食品中的微生物及其污染来源 ························ 1

任务二 食品微生物检验技术的发展和应用 ···················· 6

项目二 食品微生物检验的基本原则和要求 ···················· 10

任务一 食品微生物检验实验室的建设和使用 ················· 10

任务二 实验设备的使用 ······························· 15

任务三 检验用品的使用 ······························· 22

任务四 培养基和试剂的使用 ··························· 25

任务五 菌株的使用 ································· 31

项目三 微生物检验的基本程序 ··························· 36

任务一 确定采样方案 ······························· 36

任务二 样品的采集与处理 ··························· 42

任务三 样品的接收与检验 ··························· 48

项目四 微生物检验的基础实验技术 ······················ 57

任务一 微生物的分离和培养 ··························· 58

任务二 微生物的鉴定 ······························· 62

项目五 食品安全细菌学检测 ··························· 73

任务一 食品中菌落总数的测定 ························· 73

任务二 食品中大肠菌群的测定 ························· 78

项目六 食品中常见致病菌的检测 ························ 83

任务一 食品中金黄色葡萄球菌的测定 ···················· 83

任务二 食品中沙门菌的测定 ··························· 89

任务三 食品中单核细胞增生李斯特菌的测定 ··············· 99

任务四 食品中致泻大肠埃希菌的测定 ···················· 103

　　任务五　食品中副溶血弧菌的测定 ………………………………………………… 108

项目七　食品微生物快检快筛技术 ………………………………………… 114

　　任务一　传统计数改良方法 ……………………………………………………… 114

　　任务二　免疫检测技术方法 ……………………………………………………… 118

　　任务三　分子生物学检测方法 …………………………………………………… 124

参考文献 ………………………………………………………………………… 130

项目一　认识食品微生物检验

导言

食品微生物检验是保障食品安全和质量的关键技术之一，也是预防食源性疾病、维护公众健康的重要防线。随着食品供应链的全球化与多元化，微生物污染风险日益复杂——从农田到餐桌，从传统致病菌到新型耐药菌，污染来源的多样性与检验技术的精准性成为行业关注的焦点。食品中的微生物及其污染来源是检验工作的起点，掌握污染来源的多样性，是制定针对性检验方案的前提。与此同时，检验技术的迭代为食品安全赋予了新动能。从依赖人工计数的平板培养法，到基于基因测序的精准鉴定技术，检验效率与灵敏度的提升显著降低了食源性疾病的暴发风险。

学习目标

【知识要求】

1. 掌握食品微生物污染的来源与途径（生产、加工、储运、销售环节的污染风险）。

2. 熟悉微生物检验技术在食品安全保障、产品质量控制等方面的应用。

3. 了解食品微生物检验的历史沿革与技术革新。

【技能要求】

4. 能够根据食品类型及其生产方式，识别关键微生物污染环节；能够举例说明微生物检验技术在食品生产、质控和研究中的应用。

【素质要求】

5. 培养严谨的科学态度与工匠精神、团队协作与沟通能力、社会责任与职业道德、创新意识与批判性思维。

任务一　食品中的微生物及其污染来源

【知识学习】

（一）微生物在自然界的分布

微生物是自然界中种类繁多、数量庞大的生物群体，它们广泛分布于地球的各个角落，包括陆地、水体、大气以及生物体内外，在不同的自然环境中展现出多样的生存方式和种类特征。微生物包括细菌、真菌、病毒、原生动物等，它们在生态系统中扮演着重要角色，参与物质循环、能量流动和生物多样性的维持。

1. 土壤中的微生物　土壤是微生物的天然栖息地，为微生物提供了丰富的营养物质、适宜的水分、酸碱度和温度等条件。不同类型的土壤，由于其 pH 值、湿度、温度和有机质含量等条件的差异，微生物的种类和数量也有所不同，其中包含着大量的细菌、真菌、放线菌、藻类和原生动物等。土壤微生物的种群特点表现为多样性极高，数量庞大，它们参与土壤肥力的形成、有机物质的分解以及植物生长的促进过程。

2. 水体中的微生物 水是微生物生存的另一重要栖息地，不同来源的水体中微生物的分布存在显著差异。水体中的微生物种类繁多，包括细菌、蓝藻、硅藻、真菌和原生动物等。河流、湖泊等淡水环境中，微生物的种类和数量受到水体污染程度、光照、温度等因素的影响。在清洁的淡水中，微生物数量相对较少，每毫升水中细菌数量可能在几十到几百个。水体污染可能导致微生物种群结构的改变，引发水质恶化和水生生物病害。污水中常见的细菌有大肠埃希菌、肠杆菌属等，这些细菌大多来自人和动物的肠道，是水体粪便污染的指示菌。此外，污水中还可能存在一些病原菌，如伤寒杆菌、霍乱弧菌等，对人类健康构成威胁。

海洋中的微生物具有独特的适应机制。海洋环境具有高盐、低温、高压等特点，生活在其中的微生物也进化出了相应的生理特性。海洋中常见的细菌有嗜盐菌，它们能够在高盐浓度下生存和繁殖；还有一些耐压菌，适应深海的高压环境。海洋中的浮游微生物，如硅藻等，是海洋生态系统中重要的初级生产者。

3. 大气中的微生物 空气本身缺乏微生物生长所需的营养物质和水分，但空气中仍存在一定数量的微生物，包括细菌、真菌孢子、病毒等。这些微生物主要来源于土壤、水体、动植物体表等，通过尘埃、飞沫等载体在空气中传播。在人口密集的城市和工业区，空气中微生物的数量相对较多。每立方米空气中细菌数量可达数千个甚至更多。常见的细菌有葡萄球菌、链球菌等，这些细菌可能来自人类的呼吸道和皮肤。此外，空气中还存在一些真菌孢子，如曲霉、青霉的孢子，它们在适宜的条件下能够萌发并生长。在农村、山区等空气较为清新的地方，空气中微生物的数量相对较少。而在高海拔、寒冷的地区，由于环境条件较为恶劣，空气中微生物的种类和数量也更为稀少。

4. 人体及动植物体内的微生物 人体、动植物体内外都存在大量的微生物，它们与宿主形成了共生关系。人体内的微生物群落，如肠道菌群，对人体健康至关重要，参与消化、免疫调节和病原体防御等生理过程。动植物体表和体内的微生物也参与物质代谢和保护宿主免受病原体侵害。然而，微生物失衡可能导致疾病，如感染和自身免疫疾病。

（二）微生物在食品领域的分布和应用

食品行业是微生物应用最为广泛和深入的领域之一，涵盖了从食品原料的获取到食品最终到达消费者手中的各个环节。了解微生物在这些环节的分布特点以及它们对食品质量和安全的影响，对于保障食品安全、提升食品品质至关重要。

1. 食品原料中的微生物分布 食品原料的种类繁多，包括植物性原料、动物性原料以及其他原料，不同类型的原料其微生物分布各有特点。

（1）植物性原料 如谷物、水果和蔬菜等，在生长过程中就与微生物密切相关。谷物在田间生长时，表面会附着多种微生物。例如，小麦表面常见的微生物有芽孢杆菌属、曲霉属和青霉属等。芽孢杆菌能在谷物表面生存，部分还可能在适宜条件下进入谷物内部。曲霉和青霉在湿度较高的环境中容易大量繁殖，它们不仅会消耗谷物中的营养成分，还可能产生毒素，如黄曲霉毒素，严重威胁食品安全。水果和蔬菜在生长期间，表面会有酵母菌、乳酸菌以及一些病原菌。苹果表面的酵母菌在果实成熟过程中参与糖类的发酵，影响果实的风味。而一些病原菌，如大肠埃希菌 O157：H7 可通过土壤、灌溉水等途径污染蔬菜，像生菜、菠菜等叶菜类蔬菜容易受到污染。一旦人们食用了被污染的蔬菜，就可能引发食物中毒。

（2）动物性原料 如肉类、奶类和蛋类，同样携带大量微生物。在牲畜养殖过程中，动物体表、呼吸道和消化道内存在各种微生物。刚屠宰后的肉类表面会附着来自动物体表和屠宰环境的微生物，常见的有葡萄球菌、链球菌和假单胞菌等。如果屠宰过程卫生条件不达标，微生物污染会更为严重。例如，禽畜在屠宰过程中，如果设备和环境不卫生、操作不规范，肉类容易被大量细菌污染，导致肉类保质期缩短，甚至产生异味和变质；乳制品中的微生物主要来源于原料乳和加工过程，乳牛乳房的清洁度、挤奶设备的卫生状况以及加工过程中的消毒措施都会影响乳制品的微生物含量。在挤奶过程中，如果卫生措施不到位，如挤奶设备未彻底清洁消毒，会引入更多微生物，如大肠埃希菌、金黄色葡萄球菌等，这些微生物在适宜温度下会迅速繁殖，使牛奶变质；蛋类在产出时，蛋壳表面就带有多种微生物，如沙门菌等。如果蛋壳有破损，微生物更容易进入蛋内，导致蛋液变质；海鲜产品由于其高水分和蛋白质含量，是微生物生长的良好培养基。病原微生物如副溶血性弧菌和诺如病毒等可以在未充分加热或冷藏不当的海鲜中繁殖，导致食物中毒。

（3）其他原料　如香料、调味品等，也可能存在微生物。香料在种植、收获和加工过程中可能受到微生物污染，常见的有霉菌和细菌。一些发酵类调味品，如酱油、醋等，在发酵过程中本身就依赖特定的微生物，但如果发酵条件控制不当，也可能混入其他有害微生物，影响产品质量。

2. 食品加工过程中的微生物分布

（1）食品加工的预处理阶段　如清洗、去皮、切分等操作，如果卫生条件不佳，会增加微生物污染的机会。以水果加工为例，清洗水果的水如果是被污染的，水中的微生物就会附着在水果表面。而且，水果切分后，暴露的果肉为微生物提供了更丰富的营养，微生物会迅速繁殖。

（2）食品加工中的热处理环节　如烹饪、烘焙、杀菌等，旨在杀灭微生物，但如果处理不当，仍可能有微生物存活。例如，在罐头食品加工中，杀菌温度和时间不足，会导致芽孢杆菌等耐热菌存活，在储存过程中这些细菌可能复苏并繁殖，引起罐头食品胀罐、变质。而在烘焙食品制作中，若烘焙温度不够或时间过短，面包、蛋糕等产品内部可能残留微生物，影响产品的保质期和品质。

（3）发酵阶段　是许多食品加工中重要的环节，如酸奶、泡菜、酒类等的制作。在酸奶发酵过程中，乳酸菌是主要的发酵菌，但如果发酵环境被杂菌污染，如酵母菌、霉菌等混入，会改变酸奶的风味和质地，甚至导致酸奶变质。泡菜制作过程中，如果盐浓度控制不当或发酵容器密封不严，会使有害微生物大量繁殖，泡菜可能出现异味、软烂等问题。

（4）食品加工过程中的人员操作　也是微生物污染的重要来源。操作人员的手、工作服等如果不清洁，会将微生物带到食品上。例如，在糕点制作车间，操作人员未规范洗手消毒就直接接触原料和成品，很容易将手上的细菌、真菌等微生物污染到糕点上，影响产品质量。

3. 食品储存运输中的微生物分布

（1）在常温储存条件下，许多食品容易受到微生物的侵害。以面包为例，在常温环境中，面包表面的水分和营养物质适宜微生物生长，霉菌会迅速生长繁殖，在面包表面形成菌斑，导致面包发霉变质。一些加工肉类制品，如火腿、香肠等，在常温储存时，如果包装密封不严，空气中的微生物会进入，使肉类发生腐败，产生异味和黏液。

（2）冷藏储存是常见的延长食品保质期的方法，但并非所有微生物都能被有效抑制。一些嗜冷菌，如单核细胞增生李斯特菌，能够在低温环境下生长繁殖。在冷藏的乳制品、肉类和沙拉等食品中，单核细胞增生李斯特菌可能存活并增殖。如果消费者食用了被该菌污染的食品，可能引发食物中毒，尤其是孕妇、儿童和免疫力低下人群更容易受到感染。

（3）冷冻储存能有效抑制大多数微生物的生长，但一些耐冻微生物仍可能存活。例如，某些酵母菌和霉菌的孢子具有较强的耐冻能力，在冷冻食品中可能处于休眠状态，当食品解冻后，这些微生物就可能复苏并生长。像冷冻水果、冷冻糕点等产品，如果储存和运输过程中温度控制不当，出现反复解冻和冷冻的情况，微生物的生长风险会增加，影响食品的品质和安全性。

（4）在食品运输过程中，运输工具的卫生状况至关重要。如果运输车辆、货柜等没有定期清洁消毒，会残留大量微生物。例如，运输生鲜食品的车辆，如果之前运输过受污染的货物且未彻底清洗，车厢内的微生物会污染新装载的食品。而且，运输过程中的温度波动也会影响微生物的生长。如冷链运输中，如果制冷设备故障导致温度上升，会使冷藏、冷冻食品中的微生物有机会大量繁殖，导致食品变质。

（三）微生物污染对食品质量和安全的影响

微生物污染不仅会降低食品质量，还对食品安全构成严重威胁。因此，在食品生产、加工、储存和运输过程中，必须采取严格的卫生措施和质量控制手段，以减少微生物污染，保障食品的质量和安全。这对于保护消费者的健康、维护食品行业的稳定发展具有重要意义。

1. 微生物的生长繁殖会劣化食品质量　例如，腐败微生物分解食品中的蛋白质、脂肪和糖类等营养物质，会产生异味、异色和异常的质地。面包发霉后会产生霉味，颜色也会发生变化；肉类腐败时会产生恶臭味，肉质变得软烂。微生物还会影响食品的风味，如酸奶发酵过程中如果混入杂菌，会使酸奶失去原本的酸甜口感，产生不良风味。

2. 微生物污染对食品安全性的威胁更为严重　许多微生物会产生毒素，危害人体健康。黄曲霉毒素是由黄曲霉等霉菌产生的一类毒素，具有很强的致癌性。被黄曲霉毒素污染的谷物、花生等食品，长期食用会增加患肝癌等疾病的风险。肉毒杆菌产生的肉毒毒素是一种毒性极强的神经毒素，少量即可致人死亡。在一些自制的发酵食品，如臭豆腐、豆瓣酱等，如果制作过程不规范，容易被肉毒杆菌污染，引发食物中毒事件。

3. 微生物污染还可能导致食源性疾病的暴发　大肠埃希菌 O157：H7 污染的食品，如未煮熟的牛肉、受污染的蔬菜等，会引起肠道感染，导致腹痛、腹泻、呕吐等症状，严重时甚至会危及生命。沙门菌是常见的食源性病原体，污染蛋类、肉类等食品后，可引发食物中毒，患者会出现发热、恶心、呕吐等症状。

【任务发布】

选择一类食品，分析微生物在该类食品中的分布特点，以及对该类食品质量和安全产生的影响，形成科普宣传材料。

【任务实施】

（一）任务实施案例

乳制品是微生物发酵应用的典型例子。在奶酪、酸奶等产品的生产过程中，特定的乳酸菌和酵母菌被用来发酵乳糖，产生酸味和风味。然而，乳制品也是病原微生物如沙门菌、李斯特菌等的潜在滋生地。这些微生物的存在可能导致食品腐败和食源性疾病。

1. 任务名称　乳制品中微生物的分布特点、污染来源及其对质量与安全的影响分析。

2. 任务目标　通过分析乳制品（如液态奶、奶酪、酸奶等）中微生物的分布规律、污染途径及其危害，制作科普宣传材料，提升公众对乳制品安全风险的认知。

（二）任务实施框架

1. 选题与背景调研 选择乳制品类别（如巴氏杀菌乳），明确其生产工艺、储存条件及常见微生物类型（如乳酸菌、大肠菌群、金黄色葡萄球菌等）。收集相关国家标准和文献数据，整理乳制品中微生物的常见污染指标。

2. 微生物分布与污染来源分析

（1）在生产加工环节的微生物分布，包括原料乳中微生物种类（如嗜冷菌在冷藏原料乳中的增殖）、加工环节（如巴氏杀菌后残留的耐热菌）、包装与储存（如二次污染导致的霉菌滋生）。

（2）污染来源包括原料污染（奶牛乳房炎导致的金黄色葡萄球菌）、加工设备清洁不彻底（生物膜形成）、运输温度控制不当（嗜冷菌代谢产酸导致腐败）。

3. 质量与安全影响分析

（1）质量影响 微生物代谢导致酸败、结块、异味（如酵母菌过度发酵）。

（2）安全影响 致病菌（如沙门菌）引发食源性疾病，毒素（如黄曲霉毒素）的致癌风险。

4. 科普宣传材料制作 设计宣传海报或短视频，内容如下。

（1）乳制品微生物污染的"从农场到餐桌"全链条解析。

（2）消费者如何通过感官（颜色、气味）和标签（保质期、储存条件）识别风险。

（3）家庭储存建议（如冷藏温度、开封后尽快食用）。

【任务考核】

食品微生物污染的科普宣传的考核

考核点	考核内容	分值	记录
任务理解与选题	选题是否明确，食品类别是否清晰，分析对象是否具有典型性和实际意义	10 分	
数据来源科学性	1. 是否引用国家标准、权威文献或行业报告 2. 微生物分类及分布描述是否科学准确	20 分	
污染来源分析深度	是否从原料、加工、储存等多环节分析污染途径，并关联具体微生物	20 分	
质量与安全影响	1. 是否区分微生物对食品质量（感官变化）和安全性（致病性）的影响 2. 是否结合案例或数据说明危害	15 分	
科普材料创新性	1. 宣传形式是否新颖（如动画、互动海报） 2. 内容是否通俗易懂且覆盖关键风险点（如储存误区）	15 分	
表达能力	1. 图表设计是否直观 2. 语言是否简洁生动，避免过度专业化	10 分	
规范性与完整性	1. 参考文献格式是否符合要求 2. 宣传材料是否包含完整的分析结论和防控建议	10 分	
合计		100 分	

目标检测

答案解析

1. 什么是食品腐败菌，主要包括哪些种类？

2. 食品中微生物的污染传播途径有哪些？

任务二　食品微生物检验技术的发展和应用

【知识学习】

食品微生物检验是指按照一定的检验程序和质量控制措施，确定单位样品中某种或某类微生物的数量或存在状况。在食品科学、食品安全、食品加工、食品保藏以及食品科研等多个领域，食品微生物检验技术发挥着至关重要的作用。精准识别食品中微生物的种类、数量，并评估其对食品质量、安全以及人体健康可能产生的影响。这一技术综合了微生物学、生物化学、分子生物学等多学科的理论与方法，是保障食品安全、提升食品品质的关键手段。

（一）食品微生物检验技术的发展历程

食品微生物检验技术的发展是伴随着人类对微生物认知的不断深入以及对食品安全需求的日益增长而逐步演进的。

早期，人们对食品中微生物的认识极为有限。直到 17 世纪，列文虎克发明了显微镜，人类才首次观察到微生物的存在，这为食品微生物检验技术的发展奠定了基础。但在当时，人们尚未意识到微生物与食品变质及疾病之间的关联。

19 世纪，巴斯德通过著名的鹅颈瓶实验，证实了微生物是引起食品变质和发酵的原因，这一发现成为食品微生物学发展的重要里程碑。巴斯德还开创了巴氏消毒法，通过加热处理杀灭食品中的有害微生物，同时保留食品的营养和风味，该方法至今仍广泛应用于食品工业。同一时期，科赫在微生物研究领域也取得了重大突破。他发明了固体培养基，使得微生物的分离和纯化成为可能，为后续微生物的鉴定和研究提供了关键技术支持。科赫还提出了科赫法则，用于确定某种微生物是否为某种疾病的病原体，这一法则对食源性致病菌的研究具有重要指导意义。

20 世纪初，随着微生物学理论和技术的不断完善，食品微生物检验技术开始逐渐形成体系。这一时期，传统的培养方法得到了广泛应用，如平板计数法、MPN 法等，用于检验食品中的微生物数量。同时，血清学技术也开始应用于食品微生物检验，通过检验微生物的抗原或抗体，实现对特定微生物的快速鉴定。

20 世纪后期，随着科技的飞速发展，食品微生物检验技术迎来了新的变革。分子生物学技术的兴起，如 PCR 技术、基因测序技术等，为食品微生物检验提供了更加精准、快速的方法。这些技术能够直接检测微生物的核酸序列，不仅可以准确鉴定微生物的种类，还能追溯其来源和传播途径。

随着人们对食品安全的关注度不断提高，食品微生物检验技术也朝着更加自动化、智能化的方向发展。免疫分析、生物传感器、高通量测序等逐步应用于食品微生物检验领域。自动化的微生物检验设备不断涌现，大大提高了检验效率和准确性。同时，物联网、大数据等新兴技术也开始应用于食品微生物检验领域，实现了对食品生产全过程的实时监控和追溯。

（二）食品微生物检验技术的应用

1. 食品安全保障　食品微生物检验技术与其他食品检验技术共同组成了食品安全的坚固防线，对保障公众健康和促进食品产业繁荣起着不可替代的作用。由于微生物种类繁多，不可能对所有微生物种类进行监管和检验。因此，选择有代表性的指示菌作为食品、饮用水等健康相关产品的微生物污染指标。以指示菌在检品存在与否以及数量的多少为依据，对照国家卫生标准，对检品的饮用、食用或使用的安全性作出评价。

指示菌为用来指示样品卫生状况及安全性，具有代表性的微生物。目前在食品微生物检验工作中，依据实际应用情况分为三种类型。

（1）一般卫生状况指示菌　评价被检样品的一般卫生质量、污染程度以及安全性，最常用的是菌落总数、霉菌和酵母菌数。

（2）粪便污染指示菌　特指粪便污染的指示菌，包括大肠菌群、耐热大肠菌群、大肠埃希菌、粪链球菌等。它们的检出标志着样品受过人、畜粪便的污染，而且有肠道病原微生物存在的可能性。

（3）致病性微生物指示菌　用于评价样品是否会对人群健康产生致病风险。常见的致病菌包括沙门菌、金黄色葡萄球菌、志贺菌、副溶血性弧菌、致泻大肠埃希菌、单核细胞增生李斯特菌、蜡样芽孢杆菌、溶血性链球菌等。其中沙门菌、致泻大肠埃希菌和志贺菌，作为肠道致病性指示菌，金黄色葡萄球菌作为化脓性致病菌指示菌，副溶血性弧菌常作为海产品的致病菌指示菌。

此外，食品微生物检验还包括病毒和毒素的检验。

（1）食源性病毒　是指以食物为载体，导致人类患病的病毒。按照病毒的不同来源，食源性病毒可分为肠道食源性病毒和人畜共患的食源性病毒两大类。肠道食源性病毒以粪-口途径直接或间接传播，如脊髓灰质炎病毒、轮状病毒、冠状病毒、环状病毒和戊型肝炎病毒，人畜共患的食源性病毒以畜产品为载体传播，如禽流感病毒、朊病毒和口蹄疫病毒等。

（2）微生物毒素　微生物在生长代谢过程中产生的具有毒性的次生代谢产物。这些毒素化学结构多样，毒性作用机制复杂，即便在极低浓度下也可能对人体健康造成严重危害。常见的微生物毒素包括黄曲霉毒素、赭曲霉毒素、呕吐毒素、肉毒毒素等，它们存在于各类食品中，对食品安全构成了潜在威胁。

2. 产品质量控制

（1）加工过程中的微生物控制　食品加工是一个复杂的过程，从原材料的处理、加工工艺和环境以及成品的包装，每一个环节都可能受到微生物的污染。检测微生物指标是否符合标准，了解微生物的污染途径并采取有效的控制措施，对于保证食品的质量和安全至关重要。

（2）保藏过程中的微生物控制　食品保藏是防止食品变质、延长食品货架期的重要手段，而不同的保藏条件对微生物的生长有着显著影响。了解这些影响，有助于人们选择合适的保藏方法，确保食品的安全与品质。同时，微生物检验在确定食品保质期的过程中发挥着至关重要的作用，能够为食品的货架期提供科学、可靠的参考。

（3）发酵过程中的微生物控制　常见的发酵食品如酸奶、酱油、醋、面包、泡菜等，都蕴含着丰富多样的微生物。在发酵食品的生产过程中，对微生物进行实时监测至关重要。不仅能够确保发酵过程按照预期正常进行，还能保障最终产品的质量稳定和风味独特。而且，了解这些微生物的种类和作用，为发酵食品的生产和创新提供了理论基础。

3. 食品科学研究　采用高通量测序、宏基因组学等技术，对食品中的微生物进行深入的分析和研究，如食品中微生物的多样性和群落结构，为食品的开发和利用提供科学依据。通过纯培养、代谢组学、转录组学等方法，可以研究食品中微生物的功能特性，如发酵性能、产生风味物质的能力等，从而探索微生物在食品发酵和加工过程中的作用机制。

4. 食品安全风险评估　结合微生物检验结果和风险评估模型，对食品中的微生物进行定量和定性评估。微生物风险评估模型一般通过数学和统计方法，结合食品生产和消费环节以及微生物生长动力学等相关参数，预测微生物在食品中的存在和繁殖情况，对于评估食品中微生物对人体健康的风险程度、制定科学合理的控制措施具有重要意义，同时也为制定食品安全标准和监管措施提供依据。

【任务发布】

选择一类食品，对其进行微生物污染风险评估。

【任务实施】

（一）任务实施案例

冰鲜水产品如果在养殖或捕捞、加工、存储、运输过程中受到污染，可能出现安全指标超标的问题，特别是寄生虫和微生物危害。

1. 任务名称　冰鲜三文鱼的微生物污染风险评估。

2. 任务目标　通过分析冰鲜三文鱼中微生物污染的来源，剖析其来源、可能引发污染的环节以及相应的风险因素，形成风险评估报告并提出防控建议，提升对微生物风险量化分析及实际应用的能力。

（二）任务实施框架

1. 资料收集与污染源识别

（1）生产环节　养殖水体卫生、饲料微生物指标、捕捞工具清洁度。

（2）加工环节　加工车间环境（空气、设备、人员卫生）、分割操作规范性、冷库温控。

（3）储运环节　冷链温度波动、运输包装密封性、交叉污染风险。

（4）销售环节　零售环境温湿度、解冻操作规范性、消费者处理习惯和食用方式。

2. 采样与检验方案设计

（1）采样点　鱼体表面、内脏残留、加工台面、包装材料。

（2）检验指标　菌落总数、大肠菌群、致病菌（沙门菌、金黄色葡萄球菌等）。

3. 风险评估模型构建

（1）危害识别　根据上述调查和分析，列出潜在致病菌。

（2）危害特征描述　对识别出的微生物危害进行特征描述，包括其生物学特性、致病性、传播途径等。

（3）暴露评估　估算消费者摄入致病菌的可能性和程度（如冷链中断的风险），考虑食品的消费量、消费频率以及消费者的年龄、性别、健康状况等因素。

（4）风险特征描述　结合检验数据与文献，量化高风险环节。定性评估可采用历史数据分析法、类比法等方法，定量评估可采用危害分析与关键控制点（hazard analysis and critical control points，HACCP）模型、各种概率模型或风险矩阵模型等。

4. 风险控制建议

（1）关键控制点（CCP）　加工环节消毒、冷链温度监控。

（2）改进措施　HACCP 体系优化、从业人员培训、消费者教育。

【任务考核】

食品微生物污染风险评估报告的考核

考核点	考核内容	分值	记录
资料收集与分析	1. 是否全面识别生产、加工、储运、销售环节的污染源 2. 数据来源的科学性与权威性	20分	
检验方案设计	1. 采样点选择的合理性 2. 检验指标与方法的规范性（符合标准）	15分	
风险评估科学性	1. 危害识别与暴露评估的逻辑性 2. 风险模型的适用性与数据支撑	25分	
控制措施可行性	1. 关键控制点（CCP）选择的准确性 2. 改进措施的可操作性与经济性	20分	
报告撰写规范性	1. 结构清晰（背景、方法、结果、结论） 2. 数据图表展示的规范性	10分	
团队协作与创新性	1. 团队分工合理性 2. 提出的评估模型、防控措施是否具有创新性	10分	
合计		100分	

目标检测

答案解析

1. 什么是指示菌？指示菌的意义是什么？

2. 大肠菌群、耐热大肠菌群、大肠埃希菌之间的从属关系是什么？

项目二　食品微生物检验的基本原则和要求

PPT

导言

食品微生物检验实验室是进行食品微生物检验的重要场所，必须在人员、设施和环境条件、设备、检验用品、菌株、试剂和培养基等方面达到一定的技术要求，从而满足无菌操作条件，防止对样品和环境的污染，保护实验人员安全，提高检验结果的准确性和可靠性，确保实验室能够高效、安全地进行食品微生物检验。

学习目标

【知识要求】

1. 掌握 GB 4789 系列标准中对于人员、设施和环境条件、设备、菌株、试剂和培养基的相关要求。

2. 熟悉微生物实验室关于设施和环境条件、设备、菌株、试剂和培养基的操作规程和管理文件。

3. 了解微生物实验室设施和环境条件、设备、菌株、试剂和培养基的验收验证流程。

【技能要求】

4. 能够定期对实验室检验环境进行监控；能够对实验室的环境设施及相关仪器设备进行正确的操作，及时发现环境设施和设备的异常情况；能根据国标要求，完成对培养基和试剂的制备以及检验用品的准备，选择合适的方法进行灭菌，并进行质量控制；能根据国标要求，管理测试菌株，完成菌株的保藏、传代以及使用。

【素质要求】

5. 培养合作意识、科学精神，培养严谨的工作态度，培养观察问题、分析问题、解决问题的能力。

任务一　食品微生物检验实验室的建设和使用

【知识学习】

（一）实验室基本要求

《食品安全国家标准　食品微生物学检验　总则》（GB 4789.1—2016）（以下简称《总则》）是我国食品安全微生物标准方法体系中食品微生物检验的通用基础标准，规定了食品微生物学检验基本原则和要求，其中包括对检验人员、环境与设施、实验设备、检验用品等方面的基本要求，适用于从事食品微生物学检验的实验室检验人员。

1. 检验人员

（1）应具有相应的微生物专业教育或培训经历，具备相应的资质，能够理解并正确实施检验。

（2）应掌握实验室生物安全操作和消毒知识。

（3）应在检验过程中保持个人整洁与卫生，防止人为污染样品。

（4）应在检验过程中遵守相关安全措施的规定，确保自身安全。

（5）有颜色视觉障碍的人员不能从事涉及辨色的实验。

2. 环境与设施

（1）实验室环境不应影响检验结果的准确性。

（2）实验区域应与办公区域明显分开。

（3）实验室工作面积和总体布局应能满足从事检验工作的需要，实验室布局宜采用单方向工作流程，避免交叉污染。

（4）实验室内环境的温度、湿度、洁净度及照度、噪声等应符合工作要求。

（5）食品样品检验应在洁净区域进行，洁净区域应有明显标示。

（6）病原微生物分离鉴定工作应在二级或以上生物安全实验室进行。

（二）微生物检验实验室的布局与设施

微生物实验根据工作领域（食品、药品、医疗、环境、农业、公共卫生等）和性质（教学、生产、研究、检测等）的不同，实验室组成和规模有很大差别。食品微生物检验实验室的建设应充分考虑并符合《实验室质量控制规范 食品微生物检验》（GB/T 27405—2008）和《实验室生物安全通用要求》（GB 19489—2008）等标准规范的相关规定。在布局上，应设置成独立的区域，与其他实验室分开。入口设置门禁，非相关人员不得进入。内部根据具体检测种类和数量，在空间上有效隔离各种检测活动，既方便工作又不互相影响，符合单向流通的"无回路"原则，避免交叉污染。在设施上，应满足进行微生物检验所需的适宜、充分的设施条件，包括检验设施（专用于微生物检验和相关活动）及辅助设施。实验室组成一般包括样品室、准备室、无菌室、微生物培养室、检验室、菌株室、灭菌室、储藏室等，并配置通风设施、防护设备和应急设施，确保实验过程中产生的有害气体和微生物得到及时排放和处理。

1. 准备室 用于配置培养基和器材的准备。设有试剂柜、存放器具或材料的专柜、实验台、电炉、冰箱等，实验台、试剂柜等要绝缘、耐热，实验台要耐水、耐腐蚀、设置上下水装置。涉及称量、筛分等操作，需配置相应的设备。

2. 无菌室（洁净实验室） 是微生物检验的重要场所与最基本的设施，是微生物检验质量保证的重要物质基础。无菌室在实验室内自成一区，配备独立的空调和有空气除菌过滤的单向流空气装置，操作区域洁净度100级或放置同等级别的超净工作台，室内温度控制18～26℃，相对湿度45%～65%。由1～2个缓冲间、操作间组成（操作间和缓冲间的门不应直对）。各间均应设置能达到空气消毒效果的紫外灯或其他适宜的消毒装置，操作间和缓冲间之间应安装具备消毒功能的互锁式样品传递窗。为控制人员的出入，只设有一个密封门进入微生物实验室主洁净区，操作人员分别经过一更、二更、缓冲进入操作区。物流则由传递窗实现。

3. 培养室 主要配置各种培养箱、摇床，要求温度恒定，电力供应稳定。条件允许的情况下，可根据培养条件和种类不同设置多间培养室（如霉菌培养室、细菌培养室、固体培养室、液体培养室等）。

4. 生物安全二级实验室 若检验工作内容涉及病原微生物的分离和鉴定，则需建立生物安全二级实验室，配备独立的通风和防护设施。

5. 检验室 用于微生物的观察、计数、生理生化测定、仪器分析和数据处理，应配置各种微生物检验仪器，如显微镜、PCR 仪、电泳仪等，以满足实验过程中的各种分析需求。

6. 灭菌室　　主要用于培养基的灭菌和各种器具的灭菌，室内应备有高压蒸汽灭菌器、烘箱等灭菌设备及设施。

7. 污染物处理区　　用于处理被微生物污染的样品和废弃物，应设置在实验室单向流通的最深处，并采取严格的隔离措施，确保污染物不会扩散到其他区域。

知识链接

病原微生物分级

病原微生物是指可以侵犯人或动物机体，引起感染甚至传染病的微生物。在我国，根据《病原微生物实验室生物安全管理条例》，按照病原微生物的传染性、感染后对个体或者群体的危害程度，将病原微生物分为 4 类。

1. 能够引起人类或动物非常严重疾病的微生物，包括我国尚未发现或已宣布消灭的微生物，如天花病毒、埃博拉病毒、猴痘病毒等。

2. 能够引起人类或动物严重疾病，且较容易在人与人、动物与人、动物与动物间传播的微生物，如 SARS 冠状病毒、乙型脑炎病毒、炭疽芽孢杆菌、结核分枝杆菌等。

3. 能够引起人类或动物疾病，但一般情况下对人、动物或环境不构成严重危害，传播风险有限，实验室感染后很少引起严重疾病，并且具备有效治疗和预防措施的微生物，如麻疹病毒、乙型肝炎病毒、金黄色葡萄球菌、肺炎支原体、肉毒梭菌、脑膜炎奈瑟菌等。

4. 在通常情况下不会引起人类或动物疾病的微生物。

此外，国际上，以世界卫生组织（WHO）为代表，根据感染性微生物的相对危害程度，将感染性微生物分为危险度 1 级至 4 级，危险程度由低到高，对应我国病原微生物的第四类至第一类。其中，危险度 4 级表示病原体通常能引起人或动物的严重疾病，并且很容易发生个体之间的直接或间接传播，对感染一般没有有效的预防和治疗措施。

以上分类有助于实验室生物安全管理和疾病预防控制，确保对不同级别的病原微生物采取相应的防护措施和研究条件，只能在规定的相应级别的生物安全实验室开展实验活动，以保障人民群众生命健康和国家安全。

案例讨论

案例　　2018 年 4 月《国务院关于修改和废止部分行政法规的决定》（中华人民共和国国务院令第698 号）再次修订了《病原微生物实验室生物安全管理条例》，某市监督局传染病防治监督科为了保障医疗机构病原微生物实验室生物安全，在下半年开展传染病防治监督检查的时候，重点检查了医疗机构病原微生物实验室生物安全的内容。同年 9 月，在检查某医学高等专科学校附属医院的时候，发现该医院新（改）建的病原微生物实验室已投入使用了几个月，但一直未取得市卫健委的备案凭证，根据《病原微生物实验室生物安全管理条例》第二十五条规定：新建、改建或者扩建一级、二级实验室，应向设区的市级人民政府卫生主管部门或者兽医主管部门备案。市监督管理局传染病防治监督科依据《病原微生物实验室生物安全管理条例》第六十条第（四）项规定，责令其立即改正，给予警告，出具了《当场行政处罚决定书》。

讨论　　食品微生物检验实验室是否需向当地卫健委进行备案？如备案需准备哪些材料？

【任务发布】

编写无菌室操作规程，并进行日常使用、管理和维护。

【任务实施】

（一）编写无菌室标准操作规程

1. 无菌室的管理要求

（1）无菌室在使用前和使用后应进行有效的消毒。

（2）无菌室的灭菌效果应至少每两周验证一次。

（3）应制定清洁、消毒、灭菌、使用和应急处理程序。

（4）应记录环境监测结果，并归档保存。

（5）不符合规定时应立即停止使用。

2. 建立无菌室使用标准操作规程　无菌室是食品微生物检验实验室的核心区域，其使用和管理需要遵循一系列的标准操作规程，以确保无菌环境的维护和控制，确保无菌室的有效管理和使用。通过这些标准操作规程的建立和执行，保证操作者正确使用，防止微生物污染，保持操作环境的洁净和样品的无菌状态，从而确保实验结果的准确性和可靠性。请结合相关规范要求编写无菌室使用标准操作规程，规程内容包括但不限于以下几点（表2-1）。

表2-1　无菌室使用标准操作规程编写内容

项目	内容
使用登记	使用日期、时间、使用人员、设备运行状况、温度、湿度、洁净度状态、报修情况、清洁工作、消毒液名称等
净化设备要求	每次实验前应开启净化系统使运转至少1小时以上，同时开启紫外灯。至少2年1次，或按洁净度验证实际情况，定期更换过滤器，以确保净化系统的功能持续有效，并同时在使用登记本上做好更换记录，定期归档保存
人员进入要求	不得化妆、戴手表、戒指等首饰；不得吃东西、嚼口香糖等。洗手消毒后，在缓冲间更换专用工作服、鞋、帽子、口罩和手套，不得让头发、衣物等暴露在外面
物品进入要求	需要在无菌室内使用的一切物品，均应包扎严密，并应经过适宜的方法灭菌，经传递窗进入无菌室。无菌室内固定物品不得任意搬出
温湿度观察要求	记录温湿度，如发现问题应及时寻找原因，及时报修和报告实验室主管，并将报修原因和结果记录归档
洁净度要求	操作间洁净度应达到10000级，操作区域或超净台洁净度应达到100级。每两周要做一次洁净度检查。发现洁净度不符合规定时，应立即停止使用，寻找原因，彻底清洁，必须经洁净度再验证符合规定后才能再使用，并同时将情况记录在无菌室使用登记册上，定期归档保存
消毒要求	操作前后，打开紫外灯消毒。定期（至少每年1次）或者根据洁净度检查情况更换新的紫外灯管，以确保紫外灯管灭菌持续有效，并同时在使用登记本上做好更换记录，定期归档保存。每次操作前后用75%乙醇或0.1%苯扎溴铵溶液或其他适宜消毒液对实验的台面进行擦拭消毒
其他要求	如遇停电，应立即停止实验，离开无菌室，关闭所有电闸。重新进入无菌室前至少开启机房运转1小时以上

（二）无菌室消毒

无菌室消毒的目的是杀死或去除无菌室内表面的微生物，包括细菌、病毒、真菌等，以保持其无菌环境，防止微生物污染，确保无菌室的洁净度符合要求，从而保障实验或操作的准确性和安全性。请根据使用目的和实验室条件，在紫外线照射、臭氧灭菌、使用消毒剂和化学熏蒸等多种方式中选择合适的消毒方法。

1. 紫外线消毒　是微生物检验无菌室中很常见的一种杀菌方法，利用适当波长的紫外线破坏微生物细胞内的 DNA 或 RNA 结构，导致生长细胞死亡，从而达到杀菌的效果，是一种物理灭菌方法。紫外线杀菌方法简单、方便、经济，可杀灭多种微生物。但紫外线只能杀死表面直接暴露的微生物，而且随着使用时间的延长，辐射强度下降，需及时更换。可按照 GB 15981 的规定，评价紫外线的消毒与杀菌效果。

（1）在室温 20～25℃时，220V、30W 紫外灯下方垂直位置 1.0m 处的 253.7nm 紫外线辐射强度应 ≥70μW/cm²，低于此值时应更换。安装适当数量的紫外灯，确保平均每立方米应不少于 1.5W。

（2）紫外线消毒时，无菌室内应保持清洁干燥。

（3）在无人条件下，可采取紫外线消毒，工作时间应≥30 分钟。室内温度 <20℃或 >40℃、相对湿度 >60% 时，应适当延长照射时间。

（4）用紫外线消毒物品表面时，应使照射表面受到紫外线的直接照射，且应达到足够的照射剂量。

（5）人员在关闭紫外灯至少 30 分钟后方可入内作业。

2. 臭氧消毒　臭氧发生器一般安装在无菌室的顶部，使用时必须在密闭无人的条件下进行。抽样浓度达到 20mg/m³，工作时间应≥30 分钟。消毒 30 分钟后，室内臭氧浓度 ≤0.2mg/m³ 时方可入内作业。采用臭氧杀菌，杀菌彻底，无死角、无残留，可杀死细菌和孢子、病毒、真菌、霉菌，并破坏肉毒毒素。可按照 GB/T 18202 的规定，检验室内臭氧的浓度。

3. 消毒剂　使用适当浓度的自配或商业液体消毒剂对无菌室的工作台面、器具或设备表面、地板、传递窗、门把手等进行消毒，擦拭后需开启无菌空气过滤器及紫外灯杀菌 1～2 小时，以杀灭存留微生物。此外，在每次实验操作结束，可使用消毒溶液擦拭工作台面，除去室内湿气后，用紫外灯杀菌 30 分钟。常用消毒剂的品种包括 75% 乙醇溶液、0.1% 苯扎溴铵溶液、5～20 倍稀释的碘伏水溶液、1∶50 的 84 消毒液、3% 碘酒溶液、5% 石炭酸溶液、2% 戊二醛水溶液、尼泊金乙醇消毒液等。消毒剂要进行有效性验证方可使用，可按照 ISO 18593 监测消毒效果，并定期更换消毒剂的品种。

4. 化学熏蒸　是用挥发性化学物质的蒸汽杀灭空间微生物，常用的有甲醛、戊二醛、过氧化氢、过氧乙酸等。如甲醛熏蒸，又称甲醛高锰酸钾熏蒸，在高锰酸钾溶液中加入 40% 的甲醛溶液，两者反应释放热量，使甲醛蒸发到空间中，从而使无菌室消毒。甲醛熏蒸的杀菌效果较强，特别是实验室出现霉菌污染或者难以清除的细菌污染时，可考虑使用甲醛熏蒸。但甲醛是一种高度致癌的化学物质，在使用过程中要特别注意，注意控制残留量，每次熏蒸后至少要通风 24 小时。

（三）洁净度检查

应定期监测无菌室的消毒效果，可在消毒处理后与开展检验活动之前进行期间采样，检查空气中菌落数或尘埃颗粒，以此判断无菌室是否达到规定的洁净度。常用的方法包括沉降法和空气过滤法。

1. 沉降法

（1）取样位点的选择应基于人员流量情况和做试验的频率。一般情况下，无菌室面积≤30m² 时，从所设定的一条对角线上选取 3 点，即中心 1 点、两端各距墙 1m 处各取 1 点；无菌室面积≥30m² 时，选取东、南、西、北、中 5 点，其中东点、南点、西点、北点均距墙 1m。

（2）在所选位点，将平板计数琼脂平板（90mm）或水化菌落总数测试片置于距地面 80cm 处，开盖暴露 15 分钟，然后，置于（36±1）℃恒温箱培养（48±1）小时。如果侦查某目标细菌，则可用选择性琼脂平板（如 PDA 平板）或微生物测试片（如环境李斯特菌测试片）

（3）确认平板上的菌落数，如大于所设定的风险值，应分析原因，并采取适当措施。

2. 空气过滤法　使用专门的主动式采样器，包括过滤采样器、撞击采样器、冲击采样器等，评估风险区空气微生物的特征。如过滤式采样器，开动电机后，抽气泵工作，带动空气吸入采样头，空气通过滤器的时候，大于滤膜孔径的颗粒被阻留，当达到预先设定吸气体积后抽气泵停止工作，将滤膜取出转贴到培养基上，(36 ± 2)℃培养 48 小时后，取出检查，计算空气中微生物的浓度。

【任务考核】

无菌室使用、管理和维护的考核

考核点	考核内容	分值	记录
编写无菌室规程	能编写无菌室的使用、管理和维护规程	30 分	
无菌室的使用	在缓冲区进行消毒和更衣	10 分	
	使用传递窗传递实验物品	10 分	
	填写无菌室使用记录	10 分	
无菌室的维护	对无菌室环境和台面进行消毒	20 分	
	使用沉降法对无菌室洁净度进行检查，并根据检查结果进行判断，采取适当措施	20 分	
合计		100 分	

目标检测

答案解析

1. 为什么紫外线消毒需要在室内环境相对干燥的状态下进行？
2. 为什么在无菌室内进行操作时，不能同时开紫外灯？

任务二　实验设备的使用

【知识学习】

微生物检验实验室应配备满足检验工作要求的仪器设备，如超净工作台、培养箱、水浴锅、均质器、显微镜、天平、冰箱、生物安全柜等。实验设备应放置于温湿度适宜、通风良好的环境，便于维护清洁、消毒与校准，以保持整洁与良好的工作状态。实验设备应定期进行检查和（或）检定维护和保养，以确保工作性能和操作安全。除使用前后进行记录外，实验设备也应有日常监控记录。实验人员在操作前，必须熟悉设备的使用说明书，并接受相关的安全培训或考核。

常用的实验设备如下。

（1）称量设备　天平等。

（2）消毒灭菌设备　干烤/干燥设备、高压灭菌、过滤除菌、紫外线等装置。

（3）培养基制备设备　pH 计等。

（4）样品处理设备　均质器（剪切式或拍打式均质器）、离心机等。

（5）稀释设备　移液器等。

（6）培养设备　恒温培养箱、恒温水浴等。

（7）镜检计数设备　显微镜、放大镜、游标卡尺、菌落计数器等。

（8）冷藏冷冻设备　冰箱、冷冻柜等。

（9）生物安全设备　生物安全柜。

⇒ **案例讨论** -

案例　某高校实验室博士研究生使用高压灭菌器对培养液进行灭菌操作，在完成灭菌作业、灭菌器腔内压力降为零。该生开盖取出培养液玻璃瓶的过程中，瓶子突然爆裂，导致研究生面部被玻璃片划伤，左眼视网膜、双手及胸部等多处被蒸汽灼伤。事故调查发现该博士研究生在对培养液进行灭菌操作过程中，培养液未按要求随灭菌器自然冷却降压，而是违规强制排汽降压，在取出培养液玻璃瓶时瓶体开裂，出现培养液暴沸现象，导致人体被玻璃碎片划伤和蒸汽灼伤。

讨论　高压灭菌锅操作注意事项有哪些？高压灭菌锅的使用人员须具备什么资质？

- -

【任务发布】

在微生物检验实验室内选择某台设备，编写标准操作规程，并拍摄培训视频，内容包括使用方法、注意事项和维护等。

【任务实施】

（一）常用设备操作及注意事项

1. 超净工作台　是一种局部层流（平行流）装置，可以在局部造成高洁净度的环境。

（1）把需要用到的物品消毒后放入工作台内，确保物品摆放整齐，方便取用。

（2）拉下挡板，开启紫外灯，30分钟后关闭紫外灯，启动风机，选择风量，打开日光灯。

（3）打开挡板至约20cm高，用75%乙醇擦拭双手和台面。

（4）点燃酒精灯，进行需要的操作。整个实验过程中，实验人员应按照无菌操作规程操作。

（5）操作完毕，将实验物品清理出无菌操作台，75%乙醇擦拭台面，关闭照明、风机。

（6）打开紫外灯照射30分钟，关闭紫外灯和电源。

（7）注意事项

1）在操作过程中，应保持超净工作台的台面整洁，避免物品散落或产生尘埃。

2）操作台内禁止存放不必要的物品。

3）吸弃液体时，如果不小心洒落台面，立即用75%酒精棉球吸干净。

4）定期检查空气滤网等滤材，出现问题，应及时停止操作，上报设备状态进行滤材的更换或维修。

2. 生物安全柜　是能防止实验操作处理过程中某些含有危险性或未知性生物微粒发生气溶胶散逸的箱型空气净化负压安全装置。

（1）操作前打开紫外灯，照射30分钟。将操作所需的全部物品移入安全柜，避免双臂频繁穿过气幕破坏气流；并且在移入前用75%乙醇擦拭物品表面消毒，以去除污染。

（2）打开风机10分钟，待柜内空气净化并气流稳定后再进行实验操作。将双臂缓缓伸入安全柜内，至少静置2分钟，使柜内气流稳定后再进行操作。

（3）检验完成后，柜内使用的物品应在消毒缸消毒后再取出，以防止将标准菌株残留带出而污染环境，造成生物危害。

（4）关闭玻璃视窗，保持风机继续运转10分钟，同时打开紫外灯，照射30分钟。

（5）注意事项

1）生物安全柜内不放与本次实验无关的物品。物品应尽量靠后放置，不得挡住气道口，以免干扰气流正常流动。

2）操作时应避免交叉污染。为防止可能溅出的液滴，应准备好75%的酒精棉球或用消毒剂浸泡的小块纱布，避免用物品覆盖住安全柜的格栅。

3）在实验操作时，不可完全打开玻璃视窗，应保证操作人员的脸部在工作窗口之上。在柜内操作时动作应轻柔、舒缓，防止影响柜内气流。

4）安全柜应定期（每两周）进行清洁消毒，可用75%乙醇或0.2%苯扎溴铵溶液擦拭工作台面及柜体外表面；每次检验工作完成后应全面消毒。

5）安全柜应定期进行检测与保养，以保证其正常工作。工作中一旦发现安全柜工作异常，应立即停止工作，采取相应处理措施，并通知质量部经理。

3. 高压蒸汽灭菌锅　利用高压蒸汽以及在蒸汽环境中存在的潜热作用和良好的穿透力，使菌体蛋白质凝固变性而使微生物死亡，是目前最常用的一种湿热灭菌设备，按操作方式有手动、半自动和全自动三种类型。以全自动高压蒸汽灭菌锅为例。

（1）将蒸馏水加到水位线，确定排气桶内的水位在"HIGH"和"LOW"之间。

（2）将需要灭菌的培养基、蒸馏水或其他器皿放入灭菌锅内，关闭锅盖。

（3）打开电源，根据灭菌物品的种类和目的选择相应的运行模式，启动灭菌程序。

（4）灭菌完成后，温度降至80℃以下且压力表显示为零的情况下才能打开锅盖，取出物品，关闭电源。

（5）注意事项

1）放置灭菌物品时要注意不要碰触损伤内胆中的温度探头，消毒的物品包扎好后顺序地放置在消毒桶内的筛板上并在包与包之间留有适当的空隙，以利于空气逸去与蒸汽穿透。

2）在压力到达0MPa之前，不打开灭菌器盖。

3）打开灭菌锅锅盖时，应充分注意来自灭菌室内的蒸汽，防止烫伤。

4）如果灭菌后的培养基在锅内不及时拿出，需在蒸汽放尽后将锅盖打开，切忌将培养基封闭在锅内过夜。

5）压力表出现异常时，应停止使用。

6）为避免阻塞管路，应经常换水；准备长时间停用设备时，要将锅内的水排空。

4. 电热恒温培养箱　培养箱是通过在其箱体内模拟微生物在生物体内的生长环境来对微生物进行体外培养的一种装置。微生物检验实验室根据使用用途、控温范围、控制精度和数量的要求进行配备，一般精度为±1℃，甚至更高为±0.5℃。

（1）确认电源正常，设置培养温度。

（2）打开培养箱门，放入需培养物品。

（3）关闭培养箱门，检查门是否密封。

（4）培养完毕，取出物品，关闭电源，清理培养箱。

（5）注意事项

1）取放物品，随手关门。在培养过程中，不得随意打开培养箱门。

2）在连续工作期间，每日观察培养箱是否正常运行，并记录温度等参数。

3）如培养物出现洒溢，应立即对培养箱进行清理，对培养箱的内壁及所有接触溢出物品的材料进行消毒或灭菌。

5. 电子天平　是一类用电磁力平衡被称物体重力的天平，特点是称量准确可靠、显示快速清晰并且具有自动检测系统、简便的自动校准装置以及超载保护装置等。

（1）根据称取样品精确度的要求和天平的最大量程选择天平。

（2）检查天平底座水泡是否位于水平仪中心。

（3）接通电源，开机，待显示稳定后，将空容器或称量纸放在秤盘上，按"TAR"或"去皮"键回零。

（4）加入所需样品后，显示数值即为被测物的净重。

（5）称量完毕后按"OFF"或"关机"键即可，长时间不用时断开电源。

（6）注意事项

1）电子天平应置于稳固、平整的台面上，无阳光直射和气流。

2）称量物料应使用称量纸、称量杯，严禁直接在称量台上称量物料。

3）称量物料洒落到电子天平上应及时擦拭称量台。

4）定期用中性溶液擦拭天平，保持天平的清洁。

6. 生物显微镜　是一种用来观察生物切片、生物细胞、细菌以及活体组织培养、流质沉淀等也可以观察其他透明或者半透明物体以及粉末、细小颗粒等物体的精密光学仪器。

（1）接通电源，开启光源开关，调节光强。

（2）转动物镜转换器，使低倍镜头正对载物台上的通光孔，调整聚光器高度，把孔径光阑调至最大，使视野呈明亮状态。检查接目镜及接物镜是否脏污，如有则以擦镜纸擦拭。

（3）将载玻片放置于载物台上并夹好，使玻片中被观察的部分位于通光孔的正中央。

（4）物镜使用原则为由低倍至高倍，调整粗调节轮到影像出现，然后再将物镜调至高倍，再以细调节轮调至影像清晰为止。同时可调节聚光器调节杆来调节光圈开启的大小，配合光源的大小，使光线符合要求，便于检视。

（5）如使用100倍物镜（油镜），需先将物镜转移，滴一小滴香柏油在盖玻片上，以镜油（最接近玻璃折射率以免光线射散）为中间介质，可使观察更清晰。再将100倍物镜旋转轻轻接触到盖玻片上的香柏油，转动细调节轮进行调节，使物像清晰。油镜使用后，须以沾有擦镜液的擦镜纸擦拭数次后，再以干净的擦镜纸重复擦拭。

（6）观察完毕，应先将物镜镜头从通光孔处移开，然后将孔径光阑调至最大，再将载物台降到最低，关掉灯源，套上防尘套。

（7）注意事项

1）显微镜放置注意应以双手拿取，一手握住镜臂，另一手托住底座以避免振荡。

2）如镜头与盖玻片距离很近，调整焦距时，须特别注意避免镜头触及盖玻片，以免造成镜头损伤。

3）标本表面滴上的香柏油不可太多，否则影响观察效果。

4）显微镜使用或存放，必须避免灰尘、潮湿、过冷、过热及有酸有碱的蒸汽，存放的箱中应有硅胶干燥剂防潮。

5）透镜表面有垢时，可用清洁擦镜纸蘸少量二甲苯擦拭，切忌用乙醇，否则透镜下的胶将被溶解。

7. 均质器　拍打式均质机通过拍击均质的方法，可以有效分离并均匀分散被包裹或附着在样品表面及内部的微生物，广泛应用于食品、微生物及生物医学研究中。

（1）根据样品的类型和实验要求，设定均质时间和拍击强度。

（2）在一次性无菌均质袋中加入预处理好的样品和适量的稀释液。

（3）将样品袋放入拍打式均质器的均质室中，确保样品袋平整放置，无菌袋开口在关闭均质器门时夹住。

（4）按下启动按钮，均质器将自动开始拍击均质。

（5）均质器会在设定时间后自动停止，提示均质过程完成。

（6）取出样品袋。

（7）注意事项

1）在锤击板工作时不得随意打开均质器门，以免样品液溢出。

2）硬块、骨状、冰状物等坚硬锐利的物质不宜使用，以免破坏均质袋。

3）量少时，需加快速度时，均质物纤维比较坚韧时，则可用后面旋钮调节拍击板与可视窗的距离，来达到更好的均质效果，但注意避免发生空击损坏均质器。

4）使用后的无菌样品袋应按规定进行处理，避免交叉污染。

8. 移液枪 用于实验室少量或微量液体的移取，在微生物检验中多用于取液稀释。

（1）调节量程 如果要从大体积调为小体积，则逆时针旋转旋钮即可；如果要从小体积调为大体积，则先顺时针旋转刻度旋钮至超过量程的刻度，再回调至设定体积。

（2）装配枪头 将移液枪垂直插入枪头中，稍微用力左右微微转动即可使其紧密结合。如果是多道移液枪，则可以将移液枪的第一道对准第一个枪头，然后倾斜地插入，往前后方向摇动即可卡紧。

（3）移液 吸取液体时，移液器保持竖直状态，将枪头插入液面下 2~3mm。移液时，用大拇指将按钮按下至第一停点，然后慢慢松开按钮回原点。接着将按钮按至第一停点排出液体，稍停片刻继续按按钮至第二停点吹出残余的液体。

（4）放置和养护 使用完毕，可以将其竖直挂在移液枪架上。当移液器枪头里有液体时，切勿将移液器平放或倒置，以免液体倒流腐蚀活塞弹簧。如长时间不使用，要把移液枪的量程调至最大值的刻度，使弹簧处于松弛状态以保护弹簧。

（5）注意事项

1）在调节过程中，不要将按钮旋出量程，否则会卡住内部机械装置造成移液枪的损坏。查看移液器用户手册中的高压灭菌方案，确定移液器可否进行整支高压灭菌，或者是否只有在拆除特定的部件后才能进行高压灭菌。

2）定期清洁移液器外壁，可以用95%乙醇或60%的异丙醇，再用蒸馏水擦拭，自然晾干。

3）可根据使用移液枪的情况进行拆卸，拆卸下来的活塞、套筒和密封圈等用75%的酒精棉球进行擦拭，待乙醇挥发后再将部件重新组装好。组装后的移液枪需要进行重新进行校准和修正，可用分析天平称量所取纯水的重量并进行计算，1mL 蒸馏水 20℃时重 0.9982g。

4）移液枪严禁吸取有强挥发性、强腐蚀性的液体（如浓酸、浓碱、有机物等）。

5）严禁使用移液枪吹打混匀液体。

（二）设备的维护、校准和性能验证

实验室应制定并实施设备维护、校准和性能验证的程序，以保证检验结果的准确性和溯源性。为避免偶然发生的交叉污染，微生物检验实验室的设备不应频繁移动。如果设备脱离实验室直接控制或被修理，在恢复使用前应对其进行检查或校准，以确保其性能满足要求。无论何时，只要发现设备故障，应立即停止使用，直至维修并经校准、确认和验证其性能符合要求后方可恢复使用，必要时应检查评估对以前检验结果的影响。

因此，对于影响检验结果的设备，必须制定校准和性能验证程序。根据设备类型、以前的性能状况以及经验和实际需要，确定设备使用性能验证的频率，在特定时间间隔内进行维护和性能验证，并保存相关记录。如培养箱的温度及其均匀性和稳定性等对结果有重要影响，应每年校准一次。部分设备的校准、性能验证和维护要求见表 2-2、2-3、2-4。

表 2-2　设备校准要求和频率

设备类型	要求	推荐频率
参考玻璃温度计	完全可追溯性重新校准	每五年一次
	单点（如零点）核查	每年一次
参考热电偶	完全可追溯性重新校准	每三年一次
	用参考温度计核查	每年一次
工作温度计和工作热电偶	在零点和（或）工作温度范围用参照温度计核查	每年一次
天平	完全可追溯性校准	每年一次
校准砝码	完全可追溯性校准	每五年一次
核查砝码	用已校准砝码检查或立即在可追溯性校准的天平上核查	每年一次
玻璃定容器具	重量分析法校准至所需公差	每年一次
显微镜	对镜台测微器进行可追溯性校准（若适合）	初次使用前
湿度计	可追溯性校准	每年一次
离心机	可追溯性校准或用适宜的独立转速计核查	每年一次
压力表	可追溯性校准	每年一次

表 2-3　设备性能验证要求和频率

设备类型	要求	推荐频率
温控设备（培养箱、水浴锅、冰箱等）	1. 确定温度的稳定性和均匀性 2. 监测温度	1. 初次使用前，此后每两年一次和每次维修后 2. 每个工作日一次或每次使用前
干热灭菌箱	1. 确定温度的稳定性和均匀性； 2. 监测温度	1. 初次使用前，此后每两年一次和每次维修后 2. 每次使用前
高压灭菌锅	1. 确定运转的特性 2. 监测温度和时间	1. 初次使用前，此后每两年一次和每次维修后 2. 每一次使用前
生物安全柜	1. 确定性能 2. 微生物监测 3. 气流监测	1. 初次使用前，此后每年一次和每次维修后 2. 每两周一次 3. 每次使用前
超净工作台	1. 确定性能 2. 使用无菌琼脂平板检验	1. 初次使用前，每次维修后 2. 每两周一次
定时器	对照国家时标核查	每年一次
显微镜	检查调准装置	每个工作日一次或每次使用前
pH 计	用至少两种适当的缓冲液调整	每个工作日一次或每次使用前
天平	清零检查，并称取核查砝码的重量	每个工作日一次或每次使用前

表 2-4　设备维护、清洁的要求和频率

设备类型	要求	建议频率
培养箱、冰箱 冰冻机、干热灭菌箱	清洁和消毒内表面	1. 每月一次 2. 必要时（如每 3 个月一次） 3. 必要时（如每年一次）
水浴锅	倒空，清洁，消毒和再注水	每月一次，或使用消毒剂时每 6 个月一次

续表

设备类型	要求	建议频率
离心机	1. 检修 2. 清洁和消毒	1. 每年一次 2. 每次使用前后
高压灭菌器	1. 检查衬垫，清洁和排空内室 2. 全面检修 3. 压力容器的安全检查	1. 按生产商推荐频率有规律进行 2. 每年一次或按生产商推荐进行
生物安全柜（超净工作台）	全面检修和机械检查	每年一次或按生产商推荐频率进行
显微镜	全面维修保养	每年一次
pH 计	清洁电极	每次使用前后
天平、重量稀释机	1. 清洁 2. 检修	1. 每次使用前 2. 每年一次
蒸馏锅	清洁和除垢	必要时（如每 3 个月一次）
去离子机和反渗透装置	更换柱体或滤膜	按生产商推荐频率进行
厌氧罐	清洁和消毒	每次使用后
培养基分装器、定容设备、移液管和一般性辅助设备	必要时，去污染、清洁和灭菌	每次使用前后
螺旋菌落接种仪	1. 检修 2. 去污染、清洁和灭菌	1. 每年一次 2. 每次使用前
实验室	清洁和消毒工作区表面 清洁地板，消毒洗涤槽 清洁和消毒其他表面	1. 每个工作日一次以及使用期间 2. 每周一次 3. 每三个月一次

【任务考核】

设备的使用、管理和维护的考核

考核点	考核内容	分值	记录
设备功能	能列出微生物实验室的基本设备配置方案，熟悉工作原理	20 分	
设备使用	能正确使用超净工作台	10 分	
	能正确使用生物安全柜	10 分	
	能正确使用高压灭菌锅	10 分	
	能正确使用生物显微镜	10 分	
	能正确使用移液枪	10 分	
	能正确使用电子天平	10 分	
设备维护	能对常规设备进行基础的维护和保养	10 分	
设备校准	明确设备的校准要求，会查看设备的校准状态	10 分	
合计		100 分	

目标检测

答案解析

1. 为什么培养箱在使用期间，不能频繁开门？
2. 灭菌锅灭培养基时，如果培养基溢出，试分析其原因是什么？

任务三　检验用品的使用

【知识学习】

（一）检验用品的要求和种类

检验用品为检验工作的顺利开展提供必要的工具和支持，与设备同样在实验室中扮演着至关重要的角色。微生物检验实验室应配备满足微生物检验工作需求的检验用品，检验用品在使用前应保持清洁和（或）无菌，需要灭菌的检验用品应放置在特定容器内或用合适的材料（如专用包装纸、铝箔纸等）包裹或加塞，保证灭菌效果。检验用品的储存环境应保持干燥和清洁，已灭菌与未灭菌的用品应分开存放并明确标识。灭菌检验用品应记录灭菌的温度与持续时间及有效使用期限。常用的检验用品如下。

（1）常规检验用品　接种环（针）、酒精灯、镊子、剪刀、药匙、消毒棉球、硅胶（棉）塞、吸管、吸球、试管、平皿、锥形瓶、微孔板、广口瓶、量筒、玻棒及L形玻棒、pH试纸、记号笔、均质袋等。

（2）现场采样检验用品　无菌采样容器、棉签、涂抹棒、采样规格板、转运管等。

（二）检验用品的消毒和灭菌

对检验用品进行严格的消毒和灭菌，可以有效避免交叉污染，是实验室无菌操作的重要一环，直接影响着整个实验能否顺利进行。检验用品除使用目的不同之外，其材质也各有不同，包括玻璃、金属、橡胶、塑料及棉布等。因此，每类器材的处理及消毒灭菌措施需区分对待，常用的措施有物理方法（如干热灭菌法、湿热灭菌法、射线消毒法等）和化学方法（消毒剂）两大类。如玻璃刻度移液管可使用不锈钢消毒桶包装经高压蒸汽灭菌、干燥等环节，收纳备用，也可经干热灭菌，降温后收纳备用。

1. 湿热灭菌　适用于布类工作衣、玻璃器皿、塑料制品、金属器具、胶塞、棉塞和纸的灭菌，使用高压蒸气灭菌锅（121℃蒸汽压力灭菌20~30分钟）可达到灭菌效果。所有需经灭菌的物品应清洗晾干，玻璃器皿如吸管、平皿用牛皮纸包装严密，如用金属筒应将上面气孔打开。高压蒸汽灭菌后，玻璃器皿上常常带有水珠，可用烘箱烘干后备用。

2. 干热灭菌　适用于不便在高压蒸汽灭菌锅中进行灭菌，且不易被高温损坏的玻璃器皿、金属器具以及不能和蒸汽接触的物品的灭菌。干热灭菌用烘箱，通常于160℃灭菌2小时。器皿放入烘箱之前必须是干燥的，以免引起玻璃的破碎。器皿在烘箱内不宜过满，应留有一定的空隙。干热灭菌结束后，须降温至<60℃时才可开门取出灭菌的器皿，否则玻璃可能因突然遇冷而破碎。酒精灯火焰烧灼灭菌法也是属于干热灭菌，在进行无菌操作时，须利用工作台面上的酒精灯火焰对金属器具及玻璃器皿口缘进行补充灭菌。

3. 射线消毒　适用于实验室空气、地面、操作台面消毒。无菌检验用品在通过传递窗的过程中，一般通过紫外线对物品表面进行消毒，确保物品的无菌状态。紫外线是一种低能量的电磁辐射，其作用机制是通过对微生物的核酸及蛋白质等的破坏作用而使其灭活。波长为254nm左右的紫外线具有最强的杀菌作用，可以杀灭包括细菌繁殖体和芽孢、分枝杆菌、真菌、病毒在内的多种微生物。

4. 化学消毒　用于那些不能利用物理方法进行灭菌的物品、空气、工作面、操作者皮肤、某些实验器皿等。对于检验用品，常用的化学消毒剂包括70%~75%乙醇、0.1%~0.2%氯化汞、10%次氯酸钠、饱和漂白粉等。如塑料器皿可用75%乙醇浸泡，使用前在无菌操作台面上晾干的同时，用紫外线重复杀菌；或者用环氧乙烷灭菌袋对塑料器皿进行消毒，消毒后的器皿需充分散气 2~4 小时后才可使用。

【任务发布】

为检验活动准备各类检验用品。在微生物检验实验室内选择一种检验用品，拍摄介绍视频，内容包括用途和使用注意事项等。

【任务实施】

（一）检验用品的准备

检验用品在使用前一般需经过洗涤、干燥、包扎和灭菌。

1. 洗涤 采取有效的清洁剂和清洁方法将残留物清除。实验室常用的清洁剂包括去污粉、肥皂、洗液、有机溶剂等，一般建议使用实验室专用清洁剂进行常规的洗涤，成分简单、明确、可追溯，通常不含香精、染色剂等成分，避免带来二次污染。洗液用于处理刷子不易处理的器皿或者有顽固污渍和久置不用的器皿，洗刷顽固污渍时，要有足够的浸泡时间，使洗液与器皿表面的污物充分发生化学作用；有机溶剂如甲苯、二甲苯、汽油等，用于去除器皿表面的油脂；乙醇或乙醚可与水混合且易挥发，用于快速去除器皿表面的水。洗涤方法包括人工清洗、超声清洗（加清洁剂，30~60℃超声 15~30 分钟）以及全自动清洗机清洗。洗涤后的器皿应达到玻璃壁能被水均匀润湿而无条纹和水珠。

（1）新购进玻璃器皿的处理 新购进玻璃器皿常附有游离碱性物质，不能直接使用，应在 2% 盐酸溶液中浸泡 4 小时以上，中和表面的碱性物质。再用洗涤剂洗刷玻璃器皿的内外，用清水反复冲洗除去残留的酸质，必要时再用蒸馏水冲洗。

（2）载玻片与盖玻片 新买的载玻片与盖玻片，以新购进的玻璃器皿的处理方法清洗；用过载玻片的可以放入 2% 来苏尔或 5% 石炭酸溶液中浸泡好后，取出后水洗，再用 5% 肥皂水煮沸 20 分钟，然后用毛刷蘸肥皂刷洗，最后用清水反复冲洗干净。载玻片浸泡在 95% 的乙醇 1 分钟，取出用软布擦干，再放入盛蒸馏水的烧杯中浸泡 5 分钟以除去溶剂。

（3）含油脂（液状石蜡、凡士林）的玻璃器皿 需单独灭菌和清洗，避免沾污无油器皿。高压灭菌后，趁热倒掉污物，然后将玻璃器皿倒置于铺有粗吸水纸的铁丝筐内，放于 100℃烘箱内 0.5 小时，取出后再放入 5% 碳酸氢钠水中煮两次，然后用清洁剂刷洗，用清水反复冲洗干净，必要时再用蒸馏水冲洗。

（4）对反复使用的器皿的处理 使用后的玻璃器皿，如平皿、试管、烧杯、烧瓶等，要先高压蒸汽灭菌（121℃、30 分钟），趁热倒掉容器中的废弃物，然后用清洁剂刷洗，用清水反复冲洗干净，必要时再用蒸馏水冲洗。橡皮塞和硅胶塞可在 2% 碳酸钠溶液中煮沸 20 分钟，再用清水反复冲洗。

2. 干燥 洗涤后的器皿可自然晾干、吹干或者烘干。量器、量具不可放于烘箱中烘干。

3. 包扎 器皿在灭菌前，须用纸或金属桶等严密包裹，防止消毒灭菌后，被外界的杂菌所污染。同时应注意包装内容物不能排列过密，以保证灭菌的有效性和均一性。

（1）三角瓶、试管等用棉塞或硅胶塞塞住容器口部，塞子外围用纸包裹再用细绳扎紧，以防湿热灭菌时被水打湿或塞子掉下。烧杯用纸和绳包扎即可。

（2）培养皿可用牛皮纸或双层报纸数套包成一包，也可直接放入培养皿灭菌金属桶内，加盖灭菌。

（3）移液管在包装前先用长针等在上口处塞少量松紧适度的棉花，距管口约 0.5cm 左右，棉花的长度为 1~1.5cm。既可防止吸液时，液体被吸出造成污染，又可对吹入吸管的空气起过滤作用。移液管可用牛皮纸（或报纸）单独卷包，也可多支包成一束或直接装入金属桶进行灭菌。单支移液管的包装用宽约5cm的长纸条包裹，将移液管的尖端放在纸的一段，约成45°角，折叠包好尖端，压紧管和纸，向前搓滚，使纸呈螺旋状把管包起来，上端剩余的纸条折叠打结以免散开。

4. 灭菌

（1）湿热灭菌　在高压蒸汽灭菌器内进行，是一种普遍的、有效的灭菌方法。适用于玻璃器皿、移液器吸头、塑料瓶和棉签等，121℃灭菌20分钟，灭菌后待充分冷却物料干燥后取出。如果从灭菌锅取出仍潮湿，应立即烘干。

（2）干热灭菌　包装好的玻璃或金属器具可在电热干燥箱内进行干热灭菌，加热至160℃，保持2小时。包装放置在烘箱内，各包装之间以及包装和箱壁间保持一定间隔。灭菌完成后，关掉电源，冷却到60℃时，再打开箱门。

（二）检验用品的日常管理

检验用品种类繁多，检验实验室应制定相应程序对其采购、验收、领用、使用和存放等环节进行有效的管理。

1. 验收

（1）外包装检查　包装应完整无损无污，标识清楚（厂家名称、品名、批准文号、生产日期、有效期等）。

（2）内包装检查　内包装是否有破损、泄漏，内容物是否齐全，是否有相应的使用说明书等。

2. 存储　买的检验用品应分类存放于耗材储备区。灭菌后的检验用品如不立即使用，应注明灭菌日期和保存期限，存放在洁净、干燥的环境中，存放要分门别类，便于取用，至使用时才能在无菌环境中打开取出。灭菌后的器皿，建议7天内用完，否则应重新灭菌。如果实验中出现无菌检验用品被污染的情况，将对实验结果造成不可挽回的影响。

3. 尖锐器具的管理　在检验用品中存在一些可能刺伤或割伤人体的锐器，如针头和各种玻璃制品（载玻片、玻璃试管、锥形瓶、安瓿等）。对于使用过的针头以及破碎的玻璃器具，不能随意扔掉，应按照规定的方法进行收集和处置，放置在专门标记的、单独的、不易刺破的锐器盒中。如果存在污染情况，锐器盒内需消毒，才能进行运转交接处理。

4. 一次性无菌检验用品的管理　除了需人工准备灭菌包装的检验用品外，一次性无菌耗材越来越广泛地应用于微生物检验实验中。一般由无细胞毒性的工程塑料或聚苯乙烯为原料生产，独立包装，经过气体灭菌或辐照灭菌处理。一次性无菌耗材必须在有效期内使用，按用途分类如下。

（1）防护用品　一次性灭菌手套、灭菌口罩、无菌服等。

（2）移液器械　独立灭菌包装刻度移液管、独立灭菌包装无刻度滴管、盒装微量移液器吸嘴等。

（3）细胞培养用器皿　灭菌包装培养皿、独立灭菌包装多孔细胞培养板、灭菌包装细胞培养方瓶等。

（4）取样　灭菌包装接种环、细胞刮刀或细胞铲等。

（5）其他　各种无菌容器和滤器等。

一次性无菌耗材在贮存和运输过程中，不能完全保证其密封性和无菌状态，因此需加强对其的无菌验收和管理。

【任务考核】

检验用品的使用和管理的考核

考核点	考核内容	分值	记录
验收	能独立检查检验用品的内外包装	10分	
准备	能根据不同的污染状态和器具类型，正确洗涤各种器具	20分	
	能进行器具的干燥，并分辨出不能直接烘干的器具	20分	
	能对各类器具进行包扎	20分	
	能完成器具的湿热或干热灭菌操作	20分	
管理	能为各类检验用品选择合适的存储条件	10分	
合计		100分	

目标检测

答案解析

1. 灭菌后的检验用品，是否可以长期存放于无菌室？
2. 为什么不建议使用洗衣粉进行实验室器皿的洗涤？

任务四　培养基和试剂的使用

【知识学习】

（一）培养基和试剂的种类

微生物实验室所用的培养基及试剂必须是符合国家相关资质的公司所生产的，必要时应当对供应商进行评估。培养基是液体、半固体或固体形式的，含天然或合成成分，用于保证微生物繁殖、鉴定或保持其活力的物质，培养基和试剂的制备和质量要求按照 GB 4789.28 的规定执行。由于各种微生物所需要的营养不同，所以培养基的种类很多，约有数千种。一般将培养基归为以下几类（表2-5）。

表2-5　培养基种类和举例

分类	种类	定义	举例
按成分	纯化学培养基	或称合成培养基。只含有化学成分的培养基（即分子成分和纯度已知）	察氏培养基
	非纯化学培养基或复合培养基	全部或部分由天然物质、加工过的物质或其他不纯的化学物质构成的培养基	牛肉膏蛋白胨培养基
按形态	液体培养基	由含有一种或多种成分的水溶液组成的培养基	缓冲蛋白胨水、营养肉汤
	半固体培养基	在液体培养基中加入少量固化物（如琼脂），经煮沸或湿热灭菌处理，冷却后成半固体状态的培养基	乳糖蛋白胨半固体培养基
	固体培养基	在液体培养基中加入一定量固化物（如琼脂），经煮沸或湿热灭菌处理，冷却至室温后凝固成固体状态的培养基 倾注到平皿内的固体培养基一般称作"平板"；倒入试管并倾斜摆放的固体培养基，当培养基凝固后通常称作"斜面"	营养琼脂、营养斜面、SS 琼脂、TCBS 琼脂

分类	种类	定义	举例
按用途	运输培养基	在取样后至实验室样品处理期间，维持微生物活力并防止微生物明显增殖的培养基	缓冲甘油 – 氯化钠溶液运输培养基
	保藏培养基	用于在一定期限内维持微生物的活性，防止长期保存对微生物的不利影响，使微生物在长期保存后复苏的培养基	Dorset 卵黄培养基、营养琼脂斜面
	悬浮培养基	将微生物从样品中分离至溶液，并防止微生物增殖或受抑制的培养基	蛋白胨盐溶液、磷酸盐缓冲液
	复苏培养基	能够使受损的微生物得到修复并恢复其正常生长能力，但不一定促进微生物繁殖的培养基	缓冲蛋白胨、水胰蛋白胨、大豆肉汤
	增菌培养基	多为液体培养基，可以为微生物的繁殖提供特定的生长环境	李斯特菌肉汤
	选择性增菌培养基	允许特定微生物生长同时部分或全部抑制其他微生物生长的增菌培养基	TTB 培养基
	非选择性增菌培养基	允许大多数微生物生长的增菌培养基	营养肉汤
	分离培养基	支持微生物生长的固体或半固体培养基	平板计数琼脂
	选择性分离培养基	支持特定微生物生长而抑制其他微生物的分离培养基	XLD 琼脂
	非选择性分离培养基	对微生物没有选择性抑制的分离培养基	平板计数琼脂、营养琼脂
	鉴别培养基	或称特异性培养基，能够进行微生物一项或多项生理和（或）生化特性鉴定的培养基	麦康凯培养基、伊红 – 亚甲蓝琼脂
	鉴定培养基	能够产生一个特定的鉴定反应而不需要做进一步确认实验的培养基	胆盐七叶苷琼脂、TBX 琼脂、乳糖发酵管
	计数培养基	能够对微生物进行定量计数的选择性或非选择性培养基	MYP 琼脂、平板计数琼脂
	参比培养基	依据培养基配方特别制备，质量优良的培养基，用于培养基的质量控制，以保证食品微生物检验用培养基的质量	沙氏葡萄糖琼脂参比培养基
按制备方式	即用型培养基	以即用形式或熔化后即用形式置于容器（如平皿、试管或其他容器）或载体内供应的液体、固体或半固体培养基	—
	商品化脱水合成培养基	使用前需加水和进行处理的干燥培养基（如粉末、小颗粒、冻干等形式）：——完全培养基，使用的时候无须加入其他成分；——不完全培养基，使用的时候需加入添加剂	—
	自制培养基	或称各别成分培养基，依据培养基完整配方的具体成分，实验室自行制备的培养基	—

食品微生物检验实验室的试剂主要为食品微生物检验的试剂和培养基配制的配套试剂，包括染色试剂、生化试剂、免疫学试剂及培养基的组分和添加剂等。

（二）培养基和试剂的的要求

培养基和试剂的制备和使用是微生物检验工作的重要环节，质量是否合格、保存是否得当、配制使用是否正确等都直接影响检验结果的准确性。培养基和试剂的质量由基础成分的质量、制备过程的控制、微生物污染的消除及包装和贮存条件等因素所决定。供应商或实验室制备者应对基础成分的质量、制备过程、微生物污染的消除及包装和贮存条件进行控制，确保培养基和试剂的理化特性满足相关标准的要求，并达到在不同方面检验和分析的微生物生长、选择性和特异性等要求。

检测实验室应对培养基和试剂的采购、验收、领用、使用和存放等环节进行有效的管理。根据培养基和试剂的储存要求，配置安全设施，做好环境监控，填写监控记录，确保环境满足要求。具有爆炸、易燃、毒害、感染、腐蚀、放射性等危险特性，在运输、储存、使用和处置中，容易造成人身伤亡、财产损坏或环境污染而需要特别防护的物品和易制毒化学品称为"危险品"。危险品目录根据 GB 6944《危险品货物分类和品名编号》《剧毒化学品目录》和《易制毒化学品的分类和品种目录》确定。加强危险品管理，剧毒品实行双人双锁，计量领用、剩余退回。

⇒ **案例讨论** --

案例　某水产品加工企业在常规检验中，发现水产品成品的大肠菌群试验严重超标。同时取样做的水质、水产原料、工人手、加工器具、包装车间、水产品成品大肠菌群也都出现大肠菌群严重超标。检验室将检验结果报告了负责人员，检验结果引起了管理层的高度重视，水产品成品立即暂停出库并进行污染源调查，同时水产品成品抽样送往检测检验中心机构检测。经溯源检查，生产用水、原料、加工器具、车间及工人卫生情况均正常，水产品成品第三方检测结果合格。

在检查培养基的制备时发现，检测人员按照常规，称取有效期内的培养基称量，加入蒸馏水溶解后分装，称量和配制量的操作记录均正确。高压灭菌记录因微生物检验人员外出，由一名非检测人员灭菌并填写，温度121℃、15分钟，记录正常。经详细询问，该人员在灭菌过程中将0.05MPa的放气压力当作灭菌压力操作，造成灭菌压力不够，没有达到0.11MPa的灭菌温度，灭菌后，是按照以前的记录照抄灭菌记录，造成正确灭菌记录的假象。

灭菌后培养基在4~6℃冰箱暂存，在低温下培养基中细菌生长繁殖会受到抑制，一直呈正常状态。当取出无菌操作加入样品后，37℃培养48小时。由于培养基中的大肠菌群遇到适宜温度，迅速生长繁殖。由于该企业大肠菌群试验一般检不出，所以很长一段时间都没有做阴性对照，也没有做每批培养基的无菌试验，结果造成了这次试验的假阳性。

讨论　结合该案例，讨论在微生物检验工作中，如出现此类问题，应在哪些方面进行整改？

【任务发布】

按照 GB 4789.28 的要求在实验室制备培养基，并进行正确的使用和保存。

【任务实施】

（一）培养基制备

培养基制备完毕后，应及时填写培养基制备和灭菌记录。

1. 一般要求　用商品化脱水合成培养基制备培养基时，应严格按照厂商提供的使用说明配制，并记录质量（体积）、pH、制备日期、灭菌条件和操作步骤等信息。使用各种基础成分制备培养基时，应按照配方准确配制，并记录相关信息，如培养基名称和类型及试剂级别、每个成分物质含量、制造商、批号、pH、培养基体积（分装体积）、无菌措施（包括实施的方式、温度及时间）、配制日期、人员等，以便溯源。

2. 水的要求　实验用水的电导率在25℃时不应超过25μS/cm（相当于电阻率≥0.04MΩ/cm），除非另有规定要求。实验用水的微生物污染不应超过10^3CFU/mL。应按 GB 4789.2 定期检验微生物污染水平。

3. 称重和溶解　准确称量所需量的脱水合成培养基（必要时佩戴口罩或在通风柜或抽气罩下操作，

以防吸入培养基粉末等有害物质）或自制培养基组分，先加入适量的水，充分混合（注意避免培养基结块），然后加水至所需的量后适当加热，并重复或连续搅拌使其快速分散，含琼脂的培养基在加热溶解前应浸泡 3～5 分钟。

4. pH 的测定和调节   除特殊说明外，灭菌冷却后培养基的 pH 应在其标准 pH ±0.2 范围内。一般在分装灭菌前使用浓度约为 1mol/L 的氢氧化钠溶液或盐酸溶液，用 pH 计调节培养基的 pH。如果灭菌后调节 pH，上述酸碱溶液需灭菌。

5. 分装和包扎   根据目的和要求将配好的培养基分装至适当容器中，如试管、锥形瓶等，培养基体积不应超过容器容积的 2/3。增菌培养基的分装量为容器容量的 1/3～1/2，浓缩的培养基还可根据浓缩倍数减少分装量；半固体培养基的分装量为试管长度的 1/3～1/2；斜面培养基的分装量约为试管容量的 1/5；生化试验培养基一般使用 10mm×100mm 试管每管分装 2～3mL。

培养基分装后，在试管口或锥形瓶口上塞上硅胶塞（或棉塞、金属或高温塑料试管帽等），在塞子外围包上单层牛皮纸或双层报纸，用棉绳系好，标记培养基名称，立即灭菌。

6. 灭菌/除菌   培养基应根据组成和特性分别采用湿热灭菌法、过滤除菌法等方式处理。

（1）湿热灭菌   适用于大部分培养基的灭菌。高压灭菌一般采用（121±3）℃灭菌 15 分钟。含糖量较高的培养基采用 113～115℃灭菌 15 分钟，避免糖类遭破坏；煮沸杀菌用于含有不耐高温物质的培养基，通过煮沸杀灭培养基中的细菌和其他微生物。如制备 VRBGA 培养基和 XLD 培养基，无需高压灭菌，充分溶解，煮沸，冷却至规定温度备用。在没有高压灭菌器设备的情况下或不宜加压灭菌的物品，可采用此法灭菌；间歇灭菌用于不耐高温的培养基、营养物等的灭菌。将待灭菌物品于常压下加热至 80～100℃煮沸 15～60 分钟，杀死所有营养体。放置室温或 37℃保温过夜，反复三次，可以使每次蒸煮后未杀死的残留芽孢萌发成营养体，从而杀死所有的芽孢和营养细胞，达到灭菌目的。

具体培养基应按食品微生物学检验标准中的规定或者商品使用说明进行灭菌。如培养基体积超过 1000mL，应使用生物指示剂或相应设备进行灭菌效果验证。所有的操作应按照标准或使用说明的规定进行。

（2）过滤除菌   用于对热敏感的培养基或添加物质，如血液和抗生素可以用无菌技术抽取并加入冷却至约 50℃的培养基中。使用孔径为 0.22μm 的无菌设备和滤膜通过机械作用过滤去除微生物，根据待除菌溶液量的多少，选用不同大小的滤器。过滤除菌不破坏溶液中各种物质的化学成分，但滤量有限，一般只适用于小量溶液的除菌。

7. 冷却及摆放   灭菌程序结束，培养基应立即从灭菌锅中取出，置于清洁、凉爽、干燥的环境进行冷却，这对于大容量和敏感培养基十分重要。如果是需要立即使用的固体培养基，可冷却至 47～50℃。部分培养基灭菌后，需要趁热摆放成一定形状，冷却凝固后备用。半固体培养基灭菌后竖立放置。斜面培养基灭菌后将试管口搁置在合适高度的器具上，使斜面与底层高度之比约为 3∶2，高层斜面培养基的斜面与底层高度之比约为 2∶3。

8. 注意事项

（1）称取药品的药匙不要混用，称完以后应随即拧紧瓶盖，且瓶盖不能搞错。

（2）对于微量成分的称量，应先配制成高浓度的储备液按比例换算后再加入。

（3）调节 pH 时，要小心操作，避免反复用酸碱溶液回调。

（4）在灭菌前应使培养基充分溶解，琼脂成分充分溶化。不要使用铜或铁容器溶解制备培养基。煮沸培养基时，应控制火力并不断搅拌，防止培养基沸溢以及焦化。

（5）分装过程中，注意不要使培养基粘在管（瓶）口上，以免沾污管（瓶）口而引起污染。

（6）灭菌结束后，不得将培养基保存在灭菌锅内，以免造成过度加热。

（二）培养基的保存

不同的培养基保存条件和期限存在差异，如果发生浓缩、干裂、颜色变化、有菌生长或干粉培养基潮解，必须废弃不用。反之，如果保持无菌状态和初始体积，经测试质量无变化，则仍可使用。

实验室制备的培养基，不宜保存过久，最好现用现配。确需储存一定时间的培养基，每批应注明日期，密封置于 2～8℃ 冰箱保存，试管培养基密封一般可保存 3 个月，平板培养基密封于塑料袋内可保存 2～4 周。

商品化脱水合成培养基在冷、暗、干燥处密封保存，保质期长短与培养基成分及其生产、储存环境、密封程度密切相关，一般可达 2～3 年，但开封后应及时使用。商品化即用型培养基无需灭菌，注意商品生产日期、保质期和保存条件。

（三）培养基的使用

1. 琼脂培养基的熔化　培养基放入沸水浴中或采用有相同效果的方法（如高压锅中的层流蒸汽）使之熔化。经过高压灭菌的培养基应尽量减少重新加热时间。熔化后的培养基放入 47～50℃ 的恒温装置中冷却保温（可根据实际培养基凝固温度适当提高恒温装置温度），直至使用，培养基达到 47～50℃ 的时间与培养基的品种、体积和数量有关。熔化后的培养基应尽快使用，放置时间不应超过 4 小时。未用完的培养基不能重新凝固留待下次使用。

2. 培养基的脱氧　厌氧培养基在使用前需要去除氧气。将培养基在使用前放到沸水浴或蒸汽浴中加热 15 分钟；加热时松开容器的盖子，加热后盖紧，并迅速冷却至使用温度（如液体硫乙醇酸盐培养基）。

3. 添加成分的加入　待培养基冷却至 47～50℃ 时，加入平衡至室温的热不稳定添加成分，避免造成琼脂凝结或形成片状物。将加入添加成分的培养基缓慢充分混匀，尽快分装至待用的容器中。已添加添加剂的培养基凝固后，不能再复溶使用。

4. 平板的制备和贮存　倾注熔化的培养基至平皿中（直径 90mm 的平皿，通常加入 15～20mL 琼脂培养基），使之在平皿中的厚度至少为 3mm。将平皿盖好皿盖后放置水平平面，待琼脂冷却凝固。如果平板需要贮存，或者培养时间超过 48 小时或培养温度高于 40℃，则需要倾注更多的培养基。凝固后的培养基应立即使用或存放于暗处和（或）2～8℃ 冰箱的密封袋中，以防止培养基成分的改变。在平板底部或侧边做好标记，标记的内容包括名称、制备日期和（或）有效期，也可使用适宜的培养基编码系统进行标记。

对于采用表面接种形式培养的固体培养基，应在生物安全柜或洁净工作台先对琼脂表面进行干燥，注意不要过度干燥。商品化的平板琼脂培养基应按照厂商提供的说明使用。

5. 培养基的弃置　所有污染和未使用的培养基弃置应采用安全的方式，并且要符合相关法律法规的规定。

（四）培养基的质量问题和原因分析

培养基的不正确制备，如采用不适当的加热和灭菌条件，有可能引起颜色变化、透明度降低、琼脂凝固力或 pH 的改变等质量问题（表 2-6）。灭菌后，若检查发现有破损、浸水、颜色异常、棉塞被培养基污染等问题，必须废弃处理，不能重复使用。因此，培养基应采用验证的灭菌程序、培养基灭菌方法和条件灭菌，应通过无菌检查和效果检查进行验证。无菌检查是取 1～2 瓶无菌培养基，37℃ 孵育 1～2 天，确认无细菌生长；效果检查是将标准菌株接种到相关培养基上进行细菌检查，生长、形态和生化条件与已知标准菌株条件一致。此外，对高压灭菌器的蒸汽循环系统也要加以验证，以保证在一定装载方式下的正常热分布。

表 2-6　常见质量问题与解答

异常现象	可能原因
培养基不能凝固	制备过程中过度加热、低 pH 造成培养基酸解、称量不正确 琼脂未完全溶解 培养基成分未充分混匀
pH 不正确	制备过程中过度加热、水质不佳 外部化学物质污染 测定 pH 时温度不正确、pH 计未正确校准 脱水培养基质量差
颜色异常	制备过程中过度加热 水质不佳、pH 不正确、外来污染 脱水培养基质量差
产生沉淀	制备过程中过度加热、水质不佳 脱水培养基质量差、pH 未正确控制 原料中的杂质
培养基出现抑制/ 低生长率	制备过程中过度加热、脱水培养基质量差 水质不佳 使用成分不正确，如成分称量不准、添加剂浓度不正确；制备容器或水中有毒残留物
选择性差	制备过程中过度加热、脱水培养基质量差 配方使用不对 添加成分加入不正确，例如加入添加成分时培养基过热或添加浓度错误；添加剂污染
污染	不适当灭菌 无菌操作技术存在问题、添加剂污染

【任务考核】

培养基制备和使用的考核

考核点	考核内容	分值	记录
制备	实验准备，待用培养基、用品、天平等	5 分	
	计算添加组分重量	5 分	
	正确使用天平称量，填写使用记录，完全溶解	10 分	
	调节 pH，不过量，不回调	10 分	
	分装，不沾染容器口部，分装量准确，包扎动作熟练	10 分	
	正确设置灭菌条件，记录填写完整	10 分	
	能正确摆放斜面	10 分	
	整理台面	10 分	
保存	选择合适保存条件，在有效期限内使用	10 分	
使用	操作正确，能分析培养基的各种质量问题	20 分	
合计		100 分	

目标检测

1. 为什么配制培养基用水，要求电导率在 25℃ 时不应超过 25μS/cm，微生物污染不应超过 10^3CFU/mL？

2. 影响培养基 pH 的因素有哪些？

任务五　菌株的使用

【知识学习】

（一）菌株的要求

菌株是食品微生物检验实验室中不可缺少的重要生物资源，用于培养基验收、试验对照、人员培训考核、方法确认、实验室间比对等方面的质量控制，其来源和用途见表 2-7。实验室应保存能满足实验需要的标准菌株，应使用微生物菌株保藏专门机构或专业权威机构保存的、可溯源的标准菌株。标准菌株的保存、传代按照 GB 4789.28 的规定执行。对实验室分离菌株（野生菌株），经过鉴定后，可作为实验室内部质量控制的菌株。

表 2-7　食品微生物检验实验室菌株的来源和用途

名称	来源和用途
测试菌株	通常用于培养基性能测试的微生物
标准菌株	直接从专业菌株保藏机构获得并至少定义到属或种水平的菌株。按菌株特性进行分类和描述，最好来源于食品、水或其生产环境中的菌株
标准储备菌株	将标准菌株在实验室转接一代后得到的一套完全相同的独立菌株
储备菌株	从标准储备菌株转接一代获得的独立菌株
工作菌株	由标准储备菌株、储备菌株转接一代获得的直接用于测试使用的菌株。工作菌株不能用于制作标准菌株、标准储备菌株或储备菌株

对于从标准菌种保藏中心或其他有效认证的商业机构获得的原包装测试菌株，复苏和使用应按照制造商提供的使用说明进行。用于性能测试的标准储备菌株，在保存和使用时应注意避免交叉污染，减少菌株突变或发生典型的特性变化；标准储备菌株应制备多份，并采用超低温（不高于 -70℃）或冻干的形式保存，在较高温度下贮存时间应缩短。储备菌株由标准储备菌株制备，应避免其交叉污染和（或）退化。一般将标准储备菌株制成菌悬液转接至非选择培养基中培养，以获得特性稳定的菌株。

菌株传代只能由上往下传，从菌种保藏机构获取的标准菌株为第 0 代菌种，每转接一次增加一代（1 代是指将活的培养物接种到微生物生长的新鲜培养基中培养，任何形式的转种均被认为传代一次）。标准储备菌株通常为第 1 代或第 2 代菌株，储备菌株通常为第 2 代或第 3 代菌株，工作菌株通常为第 3~5 代菌。工作菌株的传代次数应严格控制，不得超过 5 代，以防止过度的传代增加菌株变异的风险。

（二）菌株的管理

为确保工作菌株的生物特性和纯度，做好菌株的管理工作在微生物检验实验室显得尤为重要。实验室必须建立菌株管理的程序文件（从标准菌株到工作菌株），保存所有菌株的进出、收集、储藏、确认试验以及销毁的记录。一般包括：标准菌株的申购记录；从标准菌株到工作菌株操作及记录；菌株必须定期转种传代，并作纯度、特性等实验室所需关键指标的确认，并记录；每支菌株都应注明其名称、标准号、接种日期、传代数；菌株生长的培养基和培养条件；菌株保藏的位置和条件等。按标准操作程序进行菌株的保藏和使用，进行方便快捷的使用及溯源，是微生物试验结果一致性的重要保证。

　　菌种保藏是指将微生物菌种在一定条件下保存，使其保持活力和稳定性，不受外界影响，方便日后使用和传代。为成功保藏及使用菌株，不同菌株应采用不同的保藏方法。菌种保藏应尽量降低微生物细胞的代谢强度，使细胞基本上处于休眠状态，生长繁殖受到抑制但不至于死亡，以减低菌株的变异率。因此，测试菌株在低温、干燥、缺氧、缺乏营养的条件下保存效果是最好的，越接近这种保存条件，菌株的保存时间越长。微生物检验实验室可选择使用冻干保藏、超低温（不高于－70℃）冷冻保藏、液氮保藏或其他有效的保藏方法，各保藏方法的比较见表2-8。

表2-8　菌株保藏方法比较

名称	原理	适用范围	保存期限
琼脂斜面低温保存法	将斜面保存在4℃条件下，创造低温环境，降低菌株活力	细菌、放线菌、酵母菌、丝状真菌等	2月
穿刺保存法	菌株保存在半固体培养基内部，造成缺氧环境，同时保存于4℃，延长菌株时间	细菌	3~6月
液体石蜡保藏法	在斜面的菌体上，覆盖一层液体石蜡，创造缺氧环境而保存于4℃	霉菌、酵母菌、放线菌及需氧菌	1~2年
沙土管保存法	将培养好的菌株与无菌沙土混合，使菌体吸附在沙土载体上，干燥后保存，减缓代谢，抑制繁殖	霉菌、放线菌、芽孢杆菌	2年
甘油冷冻保存法	甘油可以降低水的结冰温度，还可以与细胞内部分子结合，起到保护细胞的作用	几乎适用所有菌株	－20℃，1年以上；－80℃，2年以上
真空冷冻保存法	将菌株冷冻，在减压下利用升华作用去除水分，使细胞的生理活动趋于停止	几乎适用所有菌株	5~10年
瓷珠保存法	保存管内的小瓷珠用于细菌的吸附和保存，放置于－20℃或－80℃下，使菌株处于"休眠"状态	几乎适用所有菌株	－20℃，1~5年；－80℃，5~10年
液氮保存法	微生物在－196℃的超低温下新陈代谢趋于停止	几乎适用所有菌株	15年以上

【任务发布】

对实验室工作菌株进行复苏、传代、保藏等操作。

【任务实施】

1. 接收　标准菌株从专业菌种保藏机构获得，到达实验室后应由专人进行验收并核对批号、来源、包装、运输情况等，核对无误后，填写相关记录，按说明书规定的温度双人双锁保管。应确保菌株保藏设施的正常运行，设专人负责管理，定期检修维护，配置备用电源，防止断电事故发生。

2. 复苏　标准菌株一般为安瓿瓶装冻干粉剂，依照随产品附有的菌种复苏方法进行无菌操作。

（1）把冻干菌种管、灭菌1mL吸管、双碟、镊子、营养肉汤培养基、营养琼脂斜面数支，移入超净工作台或生物安全柜。

（2）冻干菌种复温到常温后，用75%酒精棉球擦拭安瓿瓶上部，可用砂轮或锉刀在安瓿瓶上部划一小痕迹，用无菌纱布包住安瓿瓶，两手分别捏住安瓿瓶上下两端，稍向外用力便可打开安瓿瓶。

（3）依据菌株特性选择合适的培养基（通常为营养肉汤）和培养条件，用无菌吸管吸适量的液体培养基加到冻干块上，轻轻旋转安瓿瓶使冻干菌种与培养基充分混合成悬液，将全部悬液移入含有 5mL 液体培养基的试管中，残液接种至营养琼脂斜面，适宜的温度培养一定的时间［细菌通常为（36 ± 1）℃，18～24 小时］，培养后的微生物为第 1 代培养物。观察生长状况，可适当延长培养时间。

（4）安瓿瓶先置于酒精灯进行加热灭活，再将上述吸管、棉布、安瓿瓶置于消毒液中进行灭活，最后用专用器具通过传递窗转出置于高压灭菌锅中，进行高压灭菌灭活。

（5）进行纯度和特性确认。一般验证菌落形态和革兰染色，或用生化试验进行鉴定。

1）纯度检查 取复苏后的培养物，在相应的鉴别平板或非选择平板上划线分离，培养出单菌落，观察菌落形态是否符合该菌株要求，同一平板上的单菌落大小、形状、颜色、质地、光泽是否相似，对于出现两种以上形态的菌株，应再分别挑取单菌落划线，检测是否出现相同特征。

2）细胞形态 取划线平板上的单菌落，革兰染色反应应符合要求，且呈现一致性。

3）生化鉴定 必要时进行生化鉴定。

3. 传代

（1）标准储备菌株的制备 将复苏后经过性能确认的菌株的斜面培养物，用适宜培养基制备菌悬液，分装进行冻存或冻干，作为标准储备菌株。标准储备菌株为低温长期保存用于传代的菌株，可以制备多份备用。

（2）储备菌株的制备 标准储备菌株的冻存或冻干物解冻，经培养和验证后，接种到适宜培养基或冻存菌悬液，即为储备菌株。

（3）工作菌株的制备 由保存的标准储备菌株或储备菌株接种至斜面培养后，得到日常工作使用的菌株。工作菌株不宜再传代，其使用和储存过程中严格遵守无菌操作，如不存在交叉污染，可以多次使用。

4. 保藏 根据菌种的种类、特性、用途以及实验室的具体情况，选择菌种保藏方法。无论采用何种方法，保藏的菌种应为分纯挑选的典型菌种，培养至稳定期，如有休眠体，则保存其分生孢子或芽孢。操作必须在无菌条件下进行，每支保藏管均需标明菌名、编号、传次和传代日期，并根据保存周期，及时采用对应的有效方法复壮，以防止菌种退化。

（1）琼脂斜面低温保存法 分纯的待存菌接种于适宜的固体斜面培养基上，适宜的温度培养一定的时间，得到充分生长后，塞口一端用封口膜包裹，贴上标签，保存于 4～6℃。此法操作简单、使用方便、不需要特殊设备，是实验室菌种保存最常用的方法。但保存时间短，一般每个月都要移种 1 次，而且菌种容易变异，此方法只适合实验室短期实验菌株的保存。

（2）瓷珠保存法 瓷珠菌种保存管由冻存管、瓷珠和冷冻保存液组成，多孔的瓷珠用于细菌的吸附和保存。

1）使用前，用油性笔在冻存管进行信息标记。

2）无菌条件下，用接种环挑取新鲜纯培养的单菌落数个，混入菌种保存管的冻存液中。

3）拧紧盖子，上下颠倒数次使细菌分散均匀，配成 3～4 麦氏比浊度的菌悬液。菌株充分、均匀地吸附到小瓷珠上，不能旋摇。

4）打开盖子用无菌移液器将菌种保存管内的液体吸取干净，只保留瓷珠，再拧紧盖子，妥善放置被吸出的液体。

5）迅速将保存管置 -20℃ 或 -80℃ 保存。

6）每次使用或复苏时，无菌操作取出一颗小瓷珠，在平板上滚动或置于肉汤培养。

（3）甘油冻存保存法　用添加 40%～60% 甘油的 BHI（脑心浸液肉汤）作为冷冻保护培养液。

1）使用前，用油性笔在冻存管进行信息标记。

2）无菌条件下，用接种环挑取新鲜纯培养的单菌落数个，混入菌种保存管的冻存液中。

3）拧紧盖子，上下颠倒数次使细菌分散均匀，配成 3～4 麦氏比浊度的菌悬液。

4）确认盖子拧紧，迅速将保存管置 -20℃ 或 -80℃ 保存。

5）每次使用或复苏时，常温下解冻并上下颠倒晃动数次使菌液均匀。无菌条件下，吸取适量的菌液，直接接种到合适的平板或液体培养基。融化后的保存管，不得再反复保存，及时进行灭菌处理。

（4）液氮法

1）实验准备　冻存管需能耐受 121℃ 高温高压灭菌又能在 -196℃ 低温下长期存放，聚丙烯塑料制成的带有螺帽和垫圈的冻存管能满足要求，容量一般为 2mL，冲洗、烘干、灭菌后备用。也可直接购买经灭菌处理的冻存管。配制 10%～20% 的甘油或 5% 的二甲亚砜作为保护剂，灭菌，使用前进行无菌检查。

2）制备悬浮液　取适宜培养的新鲜斜面，加入 2～3mL 保护剂，用接种环将菌苔刮下并用无菌吸管吹打制成菌悬液。

3）分装菌悬液　用记号笔在冻存管上注明标号，分装菌悬液到冻存管中，每管 0.5mL，拧紧螺帽。注意：如果螺帽密封不严导致液氮浸入冻存管，取出冻存管时可能发生爆炸。

4）预冻　先将分装好的冻存管置 4℃ 冰箱中 30 分钟后，再放入冰箱冷冻层（ -20℃ 左右）20～30 分钟，然后快速转入 -70℃ 超低温冰箱。也可用其他预冻方式：程序控制降温仪、干冰等。

5）保存　将预冻后的冻存管迅速转入液氮罐液相中，并记录菌种在液氮罐中存放的位置。

6）复苏　戴上棉手套，从液氮罐中取出冻存管，用镊子夹住冻存管上端迅速放入 37℃ 水浴中，溶化后用无菌吸管吸取悬浮液到合适的培养基中培养。

（5）冷冻真空干燥

1）实验准备　冻干管选用中性硬质玻璃，2% 盐酸浸泡过夜，冲洗至中性，烘干，灭菌后备用。保护液可用脱脂乳粉和蒸馏水配制 10%（质量浓度）脱脂乳液经 115.6℃、20 分钟灭菌后使用。还可用 75% 葡萄糖马血清肉汤溶液（无菌马血清 300mL、葡萄糖 30g、牛肉膏粉 1.3g、蒸馏水 100mL）。

2）菌悬液的制备　取适宜培养的新鲜斜面，加入 2～3mL 保护剂，用接种环将菌苔刮下并用无菌吸管吹打制成菌悬液。

3）分装样品　菌悬液每管 0.2mL。

4）预冻　一般预冻 2 小时以上，温度达到 -35～-20℃。

5）冷冻真空干燥　-50℃ 下抽真空，一般为 8～20 小时，取出样品，轻敲松散即达标。

6）熔封　在真空条件下将安瓿颈部加热熔封，低温避光保存。

7）存活性检测　抽取一管进行菌种纯度、存活性、形态等检查。

8）复苏　参照本节"2. 复苏"。

5. 销毁　保存的菌种失去活性、污染、变异或超过贮存时间，应进行灭活销毁（121℃，湿热灭菌 30 分钟），并填写销毁记录。需要注意的是从开启、复苏、复壮到纯度和特性的确认，都应做好实验记录。

【任务考核】

工作菌株使用和管理的考核

考核点	考核内容	分值	记录
复苏	准备实验	10分	
	打开安瓿	10分	
	制备菌悬液，培养	10分	
	验证	10分	
	操作过程符合无菌操作要求	10分	
传代	绘制标准菌株、标准储备菌株、储备菌株和工作菌株关系图	10分	
保藏	斜面保存法操作要点	15分	
	瓷珠保存法操作要点	15分	
销毁	检查菌种保存状态，判别情况并做出相应处理	10分	
合计		100分	

目标检测

答案解析

1. 影响菌种保藏效果的主要因素是什么？
2. 进行冷冻保存时，加入保护剂的作用是什么？

项目三 微生物检验的基本程序

导言

合理高效的微生物检验程序不仅是技术操作的基础，更是确保检验结果有效性的前提。样品采集是检验工作的第一步，直接影响后续分析结果的准确性和代表性，是确保检测有效性的关键。样品接收与管理建立了样品信息与物理状态的保护机制，对于防止交叉污染、保持样品完整性以及实现检测结果的可追溯性至关重要。样品检测与管理是整个检验流程的核心，不仅要求技术操作的专业性和规范性，还需要保持严格的质量控制意识，以确保检测数据的准确性和可靠性，为食品安全风险评估和决策提供科学依据。

学习目标

【知识要求】

1. 掌握不同类型食品（如液态、固态、即食、生鲜等）的采样方法和原则；样品保存期限的确定原则及过期样品的处理流程。

2. 熟悉样品接收的标准流程，包括登记、编号、分类存储等；检验结果记录、分析和报告编写的标准格式和要求。

3. 了解样品保存条件（温度、湿度、光照等）对微生物活性的影响。

【技能要求】

4. 能够根据食品类型和检验目的，正确选择采样工具和容器；能够熟练操作无菌采样技术，确保样品不受外界微生物污染；能够准确记录采样信息，包括时间、地点、环境条件等；能够快速准确地完成样品接收登记，包括样品状态检查；能够进行样品分类存储，确保存储条件符合标准。

【素质要求】

5. 培养科学严谨的态度、高度的责任心和安全意识；注重细节，能够及时发现并纠正可能影响检验结果的问题；培养团队合作与沟通能力，能够与团队成员有效沟通，协同工作。

任务一 确定采样方案

【知识学习】

（一）采样的要求和原则

采样是指在一定质量或数量的产品中，取一个或多个代表性样品，用于微生物检验的过程，大致分为取样、包装密封、标识和样品的运输保存等几个环节。食品微生物检验样品的采集是保证微生物检验工作质量的基础，也是影响检验结果的重要因素。一切样品的采集必须具有代表性，即所取的样品能够代表食物的所有成分。如果采集的样品没有代表性，即使一系列检验工作非常精密、准确，其结果也毫无价值，甚至会出现错误的结论。

1. 采样要求

（1）样品必须对取样的整个产品或批量具有代表性。

（2）样品的大小应能满足在需要时进行重复分析的需要。

（3）样品到达实验室时的状况应能反映出取样时产品的真实情况。

2. 采样原则

（1）样品的采集应遵循随机性、代表性的原则。

（2）采样过程遵循无菌操作程序，防止一切可能的外来污染。

（二）采样方案

抽检品的数量、大小和性质会对结果产生很大影响。假设在一批产品中，如果仅采一个检样进行检验，该批产品是否合格，将由这个检样来决定。因此，用于检验的样品数量和状况具有重要意义。采样方案多种多样，如一批产品中随机采若干个样混合后按百分比抽样、按数理统计的方法决定抽样个数或按食品的危害程度不同抽样。检验的目的也影响采样方案的制定，如判定食品的一般微生物指标是否合格、查找食物中毒病原微生物、鉴定畜禽产品中是否含有人畜共患病原体等。检验目的不同，采样方案也应不同。可见，样品的种类等因素不同，采样的数量及采样的方法也应相应变化，才能客观地反映出该样品的质量。

1. ICMSF 的采样方案 2002 年，国际食品微生物规范委员会（International Commissionon Microbiological Specifications for Foods，ICMSF）从统计学角度，对一批产品检查多少个检样才能够有代表性，才能客观地反映该批产品质量进行采样方案的设计。2011 年，ICMSF 继续对 18 大类不同食品中的微生物危害及其潜在风险进行了系统分析，并按类别及加工工艺特点提出了应控制的主要致病菌种类、限量要求及相应的关键控制点等。主要依据食品经不同条件处理后的危害度变化情况和微生物对人的危害程度，设定了不同的采样方案。

具体来说，ICMSF 将食品的危害程度分为三类。

（1）Ⅰ类危害 体弱者（包括老年人和婴幼儿）食品及在食用前可能会增加危害的食品。

（2）Ⅱ类危害 指立即食用的食品，在食用前危害基本不变。

（3）Ⅲ类危害 指食用前经加热处理，危害减小的食品。

同时，ICMSF 将检验指标对食品卫生的重要程度分成一般、中等和严重三档。

根据上述信息，将采样方案（ICMSF《微生物检验与食品安全控制》）分为 15 个类型，分别采用二级法和三级法，具体见表 3-1。这种分类不仅考虑了微生物检验的意义，还包括了对产品加工环境及产品卫生环境的评价，以及对产品质量和食品安全的综合考量。此外，微生物检验的范围和对象也涵盖了从动植物性产品的卫生质量到食品加工过程中可能出现的各种微生物污染问题，为食品生产和卫生管理提供了科学依据，同时也为传染病和食物中毒的防治提供了重要手段。因此，ICMSF 的采样方案被国际食品法典委员会（CAC）和世界上许多国家和地区所参照，包括中国、美国、欧盟、澳大利亚等，以确保食品的安全性和卫生标准。

表 3-1 结合健康危害程度和食用条件推荐的采样方案

危害相关关注程度	食品预期处理和食用条件		
	降低风险	风险无变化	增加风险
一般性指标：一般污染状况、早期腐败、货架期缩短	类型1	类型2	类型3
	三级	三级	三级
	$n=5$, $c=3$	$n=5$, $c=2$	$n=5$, $c=1$
指示菌：轻度、间接危害	类型4	类型5	类型6
	三级	三级	三级
	$n=5$, $c=3$	$n=5$, $c=2$	$n=5$, $c=1$

续表

危害相关关注程度	食品预期处理和食用条件		
	降低风险	风险无变化	增加风险
中度危害：直接、有限的传播	类型 7	类型 8	类型 9
	三级	三级	三级
	$n=5, c=2$	$n=5, c=1$	$n=10, c=1$
严重危害：不危及生命，后遗症少，持续时间中等	类型 10	类型 11	类型 12
	二级	二级	二级
	$n=5, c=0$	$n=10, c=0$	$n=20, c=0$
极严重危害：针对一般人群或限定人群，危及生命或严重后遗症，病程持续时间长	类型 13	类型 14	类型 15
	二级	二级	二级
	$n=15, c=0$	$n=30, c=0$	$n=60, c=0$

2. 我国的采样方案　在《食品安全国家标准　食品卫生微生物学检验　总则》（GB 4789.1—2016）中参照实施了 ICMSF 的采样方案类型和判定。根据检验目的、食品特点、批量、检验方法、微生物的危害程度等确定食品采样方案。

（1）**食品的采样方案**　采样方案分为二级和三级采样方案。二级法设定取样数 n 和指标值 m，超过指标值 m 的样品数为 c。三级法设有 n、c、m 和 M 值。在二级法的基础上，设定附加指标值 M，介于 m 与 M 之间的样品数 c。n 为同一批次产品应采集的样品件数；c 为最大可允许超出 m 值的样品数；m 为微生物指标可接受水平限量值（三级采样方案）或最高安全限量值（二级采样方案）；M 为微生物指标的最高安全限量值。

1）按照二级采样方案设定的指标，在 n 个样品中，允许有 $\leq c$ 个样品其相应微生物指标检验值大于 m 值。只要 $c>0$，就判定整批产品不合格。m 值反映危害水平。

2）按照三级采样方案设定的指标，在 n 个样品中，允许全部样品中相应微生物指标检验值小于或等于 m 值；允许有 $\leq c$ 个样品其相应微生物指标检验值在 m 值和 M 值之间；不允许有样品相应微生物指标检验值大于 M 值。只要有一个样品值超过 M 或 c 规定的数，就判整批产品不合格。m 值反映可接受水平，一般与目标微生物的致病性及数量，以及食品基质是否适合产毒有关系，可以允许一定量。M 值为不可接受水平，即允许检出的最高水平，如图 3-1 所示。

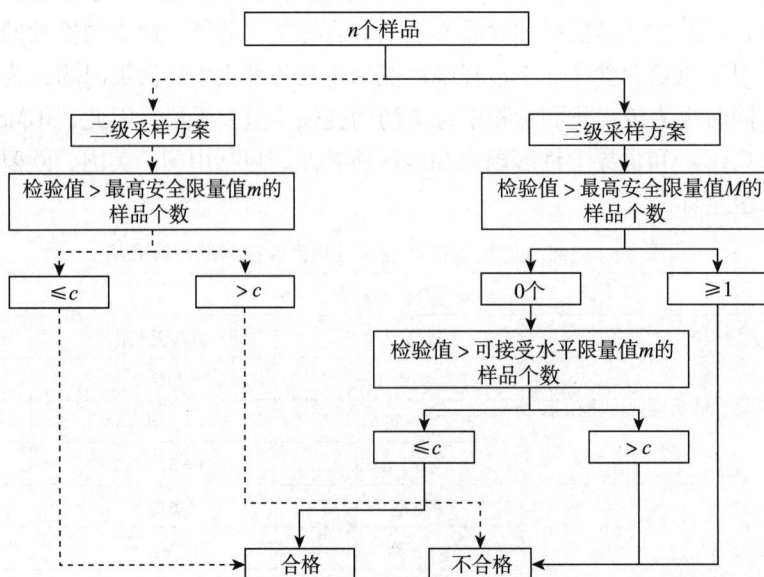

图 3-1　采样方案示意图

例如：$n=5$，$c=2$，$m=100\mathrm{CFU/g}$，$M=1000\mathrm{CFU/g}$。含义是从一批产品中采集 5 个样品，若 5 个样品的检验结果均小于或等于 m 值（≤100CFU/g），则这种情况是允许的；若≤2 个样品的结果（X）位于 m 值和 M 值之间（100CFU/g＜X≤1000CFU/g），则这种情况也是允许的；若有 3 个及以上样品的检验结果位于 m 值和 M 值之间，则这种情况是不允许的；若有任一样品的检验结果大于 M 值（＞1000CFU/g），则这种情况也是不允许的。

各类食品的采样方案按食品安全相关标准的规定执行。进出口食品的微生物学指标除接受国家进出口商品检验部门监督、检验外，还必须符合有关进口国家的食品法规和标准。

（2）食品安全事故中食品样品的采集

1）由批量生产加工的食品污染导致的食品安全事故，食品样品的采集和判定原则按各类食品的二级或三级采样方案执行。重点采集同批次食品样品。

2）由餐饮单位或家庭烹调加工的食品导致的食品安全事故，重点采集现场剩余食品样品，以满足食品安全事故病因判定和病原确证的要求。

（3）致病菌采样方案和限量　2013 年，我国制定和发布了《食品中致病菌限量》（GB 29921—2013），依据国内外食品安全风险评估报告，以及食品污染物、食源性疾病的监测结果，结合我国实际情况，参照国际准则和相关标准，在保障食品安全和消费者健康的基础上，落实了各类食品致病菌的指标和限量。针对致病菌危害程度和生物特性，分别采用二级和三级采样方案。

2021 年，为适应行业发展和监管需求，更好防控致病菌污染，根据最新风险监测和风险评估结果，国家卫健委修订并发布了《食品安全国家标准　预包装食品中致病菌限量》（GB 29921—2021）。规定了预包装食品中 6 个致病菌指标（沙门菌、单核细胞增生李斯特菌、克罗诺坂崎肠杆菌、金黄色葡萄球菌、副溶血性弧菌、致泻大肠埃希菌）及其在具体食品类别中的限量要求。对于沙门菌、单核细胞增生李斯特菌、大肠埃希菌 O157：H7、克罗诺杆菌属（阪崎肠杆菌）等危害程度高的微生物，GB 29921 中规定均为二级采样方案。对于金黄色葡萄球菌和副溶血性弧菌等危害程度较低的微生物，GB 29921 中一般规定为三级采样方案。但考虑到金黄色葡萄球菌的致病力与其产生的肠毒素有关，而肠毒素的产生又与食品基质、水活性、温度、菌浓度等因素密切相关。因此，标准中对于金黄色葡萄球菌，巴氏杀菌乳、调制乳、发酵乳、加糖炼乳和调制加糖炼乳采用二级方案"$n=5$，$c=0$，$m=0/25\mathrm{g}$（mL）"，而即食调味品、乳粉和调制乳粉、特殊膳食用食品、干酪、再制干酪和干酪制品为三级方案。

GB 29921—2021 仅适用于其附录 A 中所列类别中的预包装食品，不适用于执行商业无菌要求的食品、包装饮用水、饮用天然矿泉水。

1）商业无菌的罐头类食品应执行商业无菌要求。以《食品安全国家标准　包装饮用水》（GB 19298—2014）、《食品安全国家标准　饮用天然矿泉水》（GB 8537—2018）等为依据，对包装饮用水、饮用天然矿泉水进行致病菌管理。

2）非即食生鲜类食品中致病菌，主要通过生产加工过程标准（规范）进行控制，如鲜冻动物性水产品和畜禽产品。

3）微生物风险较低的食品或食品原料，如食用盐、味精、食糖、食醋、蜂蜜及蜂蜜制品、食用油脂制品等，不规定其致病菌限量。

【任务发布】

按照 GB 4789.1 中采样方案以及食品安全相关标准的规定，确定产品"＊＊奶酪棒"的抽样个数及判定要求。

【任务实施】

（一）查找产品质量标准

根据"＊＊奶酪棒"的产品信息（营养成分表略），见表3-2，确定其产品质量标准。

表3-2　"＊＊奶酪棒"产品信息表

项目	说明
配料	干酪（添加量大于等于51%）、水、稀奶油、白砂糖、奶油、蓝莓果酱（添加量6%）、脱脂乳粉、六偏磷酸钠、磷酸三钠、黄原胶、明胶、卡拉胶、乳酸、山梨酸钾、牛磺酸
产品类型	再制干酪
贮存条件	2~6℃冷藏保存
保质期	180天
生产日期	20250312
产品标准代号	GB25192
生产商	＊＊有限公司
产地及地址	＊＊省＊＊市＊＊路＊＊号
服务热线	400-＊＊＊-＊＊＊＊
食品生产许可证编号	SC＊＊＊＊＊＊＊＊＊＊＊＊
适用人群	3岁以上
过敏原信息	本产品为乳制品

根据产品信息，"＊＊奶酪棒"中干酪添加量大于等于51%，属于再制干酪，适用于《食品安全国家标准　再制干酪和干酪制品》（GB 25192—2022）。

（二）确定微生物限量

查找标准GB 25192，该产品的微生物限量如下。

（1）致病菌限量应符合GB 29921的规定。查找GB 29921，对于再制干酪产品，填写致病菌限量要求（表3-3）。

表3-3　预包装乳制品中致病菌限量标准

食品类别	致病菌指标	采样方案及限量（若非指定，均以/25g或/25mL表示）				检验方法	备注
		n	c	m	M		
乳制品	沙门菌						—
	金黄色葡萄球菌						仅适用于巴氏杀菌乳、调制乳、发酵乳、加糖炼乳（甜炼乳）、调制加糖炼乳
							仅适用于干酪、再制干酪和干酪制品
							仅适用于乳粉和调制乳粉
	单核细胞增生李斯特菌						仅适用于干酪、再制干酪和干酪制品

（2）微生物限量还应符合产品标准的规定（表3-4）。

表 3 – 4　微生物限量

项目	采样方案ᵃ及限量				检验方法
	n	c	m	M	
菌落总数ᵇ（CFU/g）					
大肠菌群（CFU/g）					
霉菌（CFU/g）≤					

a 样品的采集及处理按 GB 4789.1 和 GB 4789.18 执行。
b 不适用于添加活性菌种（好氧和兼性厌氧）的产品。

（3）根据上述标准，列出需检测的项目及对应的采样方案和限量，填写表 3 – 5。

表 3 – 5　再制干酪微生物采样方案和限量

指标	二级/三级	采样方案及限量

（三）示例判定

以再制干酪产品中的金黄色葡萄球菌限量为例，对假设结果进行合格判定并说明，填写表 3 – 6。

表 3 – 6　判定示例

序号	结果	c	是否合格	判定说明
1	80，70，75，75，60			
2	80，100，75，100，100			
3	80，100，75，100，110			
4	120，100，75，100，110			
5	120，100，75，100，1000			
6	100，1000，75，100，1000			
7	120，1000，75，100，1000			
8	80，70，75，75，1100			

【任务考核】

确定采样方案的考核

考核点	考核内容	分值	记录
采样方案	根据产品信息查找产品质量标准	20 分	
	根据产品质量标准确定微生物限量和采样方案	20 分	
	根据微生物限量对检测结果进行符合性判定	60 分	
合计		100 分	

目标检测

答案解析

1. 从食品经不同条件处理后的危害度变化情况分析，冷冻水饺属于哪一类危害的食品？
2. 食品中致病菌检测项目的采样方案的制定受到哪些条件的影响？

任务二　样品的采集与处理

【知识学习】

（一）食品微生物检验对象

1. 原料　包括食品生产所用的原始材料、添加剂、辅助材料及生产用水等。

2. 生产线样品　食品生产过程中不同加工环节所取的样品，包括半成品、加工台面、与被加工食品接触的仪器面以及操作器具等。对生产线样品的采集能够确定细菌污染的来源，可用于食品加工企业对产品加工过程卫生状况的了解和控制，同时能够用于特定产品生产环节关键控制点的确定和 HACCP 的验证工作。

3. 环境样品　配合生产加工，在生产前后或生产过程中对环境样品（如地面、墙壁、天花板以及空气等）取样检验，以检测加工环境的卫生状况。

4. 留样样品　主要包括生产企业留样和餐饮留样等。企业应按规定保存出厂检验留存样品。产品保质期少于 2 年的，保存期限不得少于产品的保质期；产品保质期超过 2 年的，保存期限不得少于 2 年。留样检验可以为食品安全事故提供溯源证据、观察产品在保质期内微生物的变化情况、发现生产过程中产品微生物污染情况，同时也可以间接对产品的保质期是否合理进行验证。集中用餐单位的食堂以及中央厨房、集体用餐配送单位、一次性集体聚餐人数超过 100 人的餐饮服务提供者，应按规定对每餐次或批次的易腐食品成品进行留样。每个品种的留样量应能满足检验检测需要，且不少于 125g。留样食品应使用清洁的专用容器和专用冷藏设施进行储存，留样时间应不少于 48 小时。从而保障饮食安全，为有效查处食物中毒等突发食品安全事件提供可靠依据。

5. 零售商店或批发市场的样品　能够反映产品在流通过程中微生物的变化情况，能够对改进产品的加工工艺起到反馈作用。

6. 进出口样品　按照进出口商所签订的合同进行取样和检测。但要特别注意的是，进出口食品的微生物指标除满足进出口合同或信用证条款的要求外，还必须符合进口国的相关法律规定。

（二）不同样品的采样方法

1. 食品的采样方法　在食品的检验中，样品的采集是极为重要的一个步骤，应根据不同的产品类型、产品状态等选择不同的取样方法和标准。采样人员应接受过采样培训且考核合格，不但要掌握正确的采样方法，还要了解食品加工的批号、原料的来源、加工方法、保藏条件、运输、销售中的各环节等。样品可分为大样、中样、小样三种。大样指一整批，中样是从样品各部分取的混合样，一般为 200g，小样又称为检样，一般以 25g 为准，用于检验。GB 4789.1—2016 对预包装食品、散装食品或现场制作食品作出了以下规定。

（1）预包装食品

1）应采集相同批次、独立包装、适量件数的食品样品，每件样品的采样量应满足微生物指标检验的要求。

2）独立包装小于、等于1000g的固态食品或小于、等于1000mL的液态食品，取相同批次的包装。

3）独立包装大于1000mL的液态食品，应在采样前摇动或用无菌棒搅拌液体，使其达到均质后采集适量样品，放入同一个无菌采样容器内作为一件食品样品；大于1000g的固态食品，应用无菌采样器从同一包装的不同部位分别采取适量样品，放入同一个无菌采样容器内作为一件食品样品。

（2）散装食品或现场制作食品 用无菌采样工具从 n 个不同部位现场采集样品，放入 n 个无菌采样容器内作为 n 件食品样品。每件样品的采样量应满足微生物指标检验单位的要求。

2. 生产环节样品 按照采样计划规定的点位、时间、频率和采样方法，划分检验批次，应注意同批产品质量的均一性。如用固定在贮液桶或流水作业线上的取样龙头取样时，应事先将龙头消毒；当用自动取样器取不需要冷却的粉状或固定食品时，必须履行相应的管理办法，保证产品的代表性不被人为地破坏。

3. 环境样品

（1）空气样品 空气的取样方法有直接沉降法和过滤法。在检验空气中细菌含量的各种沉降法中，平皿法是最早应用的方法之一，到目前为止，这种方法在判断空气中浮游微生物分次自沉现象方面仍具有一定的意义。过滤法是使定量的空气通过吸收剂，然后将吸收剂培养，计算出菌落数。

（2）水样 采集水样应注意无菌操作，以防止杂菌混入。取水样时，最好选用带有防尘磨口瓶塞的广口瓶。

1）在取自来水时，水龙头嘴的里外都应擦干净。再用酒精灯灼烧水龙头灭菌，然后把水龙头完全打开，放水5~10分钟后再将水龙头关小，采集水样。如果检测的目的是用于追踪微生物的污染源，还应在龙头灭菌之前去水样或在龙头的里边和外边用棉拭子涂抹取样，以检测龙头自身污染的可能性。

2）从水库、池塘、井、河流等处取水样时，用无菌的器械或工具拿取瓶子和打开瓶塞。应先将无菌取样器浸入水下1~15cm处（井水则在水下50cm深处采样），然后掀起瓶塞采集水样。流动水区应分别采取靠岸边及水流中心的水。如果不具备适当的取样仪器或临时取样工具，只能用手操作，但取样时应特别小心，防止用手接触水样或取样瓶内部。

4. 不同形态的样品

（1）液体样品 通常情况下，液态食品较容易获得代表性样品。液态食品（如牛奶、奶昔、糖浆）一般盛放在大罐中，取样时，可连续或间歇搅拌（可使用灭菌的长柄勺搅拌），对于较小的容器，可在取样前将液体上下颠倒，使其完全混匀。较大的样品（100~500mL）要放在已灭菌的容器中送往实验室。实验室在取样检测之前应将液体再彻底混匀一次。

对于牛奶、葡萄酒、植物油等，常采用虹吸法（或用长形吸管）按不同深度分层取样，并混匀。如样品黏稠、含有固体悬浮物或不均匀液体，应充分搅匀后，方可取样。

（2）固体样品 根据所取样品材料的不同，所使用的工具也不同。固态样品常用的取样工具有灭菌的解剖刀、勺子、软木钻、锯子和钳子等。面粉或奶粉等易于混匀的食品，其成品质量均匀、稳定，可以抽取少量样品（如100g）检测。但散装样品必须从多个点取大样，且每个样品都要单独处理，在检测前要彻底混匀，并从中取一份样品进行检测。

肉类、鱼类或类似的食品既要在表皮取样又要在深层取样。深层取样时要小心被表面污染。有些食品，如鲜肉或熟肉可用灭菌的解剖刀和钳子取样；冷冻食品在未解冻的状态下用锯子、木钻或电钻（一般斜角钻入）等获取深层样品；全蛋粉等粉末状样品取样时，可用灭菌的取样器斜角插入箱底，样品填满取样器后提出箱外，再用灭菌小勺从上、中、下部位取样。

（3）表面取样　通过惰性载体可以将样品表面上的微生物转移到合适的培养基中进行微生物的检验，这种惰性载体既不能引起微生物死亡，也不应使其增殖。常用的载体包括清水、拭子、胶带等。取样后，要使微生物长期保存在载体上，既不死亡又不增殖，十分困难，所以应尽早将微生物转接到适当的培养基中。转移前耽误的时间越长，品质评价的可靠性就越差。表面取样技术只能直接转移菌体，不能做系列稀释，只有在菌体数量较少时才适用。其优点是检测时不破坏食品样品。

几种较常见的表面取样技术如下。

1）拭子法　进行定量检测时，必须先用灭菌取样框（塑料或不锈钢等）确定被测试的区域。取样时将无菌拭子在稀释液中浸湿，然后在待测样品的表面缓慢旋转拭子，平行用力涂抹两次。涂抹的过程中应保证拭子在取样框内。取样后拭子重新放回装有 10mL 取样溶液的试管中。

2）淋洗法　用 10 倍于样品的灭菌稀释液（质量比）对样品进行淋洗，得到 10^{-1} 的样品原液，这种取样方法可适用于全禽、干果、蔬菜等食品。报告结果时，应注明该结果仅代表样品表面的细菌总数。

3）影印盘　是一种无菌的塑料盘，也可称为"触盘"。制作时按要求在容器中央填满足够的琼脂培养基，并形成凸状面。使用时，将琼脂表面压在待测物表面，取样后在适当的温度下培养。

4）触片法　一个无菌玻片触压食品表面，带回实验室。固定染色（如革兰染色法）后在显微镜下检测，也可以将取样的玻片压在倒有培养基的平板上，将细菌转接到琼脂表面，（用无菌镊子）移去玻片后，培养平板。这种方法不能用于菌体计数，但能快速判断优势菌落的类型，对生肉、禽肉和软奶酪等食品更为适用。

（三）采集样品的标记要求

应对采集的样品进行及时、准确的记录和标记，内容包括采样人、采样地点、时间、样品名称、来源、批号、数量、保存条件等信息。

（四）采集样品的贮存和运输要求

（1）应尽快将样品送往实验室检验。

（2）应在运输过程中保持样品完整。

（3）应在接近原有贮存温度条件下贮存样品，或采取必要措施防止样品中微生物数量的变化。

【任务发布】

按照 GB 4789.1 中采样方法以及食品安全相关标准的规定，对不同种类的食品进行取样操作。

【任务实施】

（一）物品准备

根据具体的采样需求选择合适类型和大小的工具和容器，所有灭菌、消毒的物品应妥善保管，注意在有效期内使用，定期更换并防止污染，使用前应确保无菌包装完整无破损。

1. 采样工具　不锈钢或其他强度适当的材料，表面光滑，无缝隙，边角圆润。采样工具应清洁和无菌，使用前保持干燥。采样工具包括搅拌器具、采样勺、匙、刀具、采样钻、剪刀、镊子、铲、斧、凿、锯、研磨器具、吸管等。采样工具以独立包装为宜，用纸、布袋或桶包好，经干热或湿热灭菌后使用。

2. 样品容器　样品容器的材料（如玻璃、不锈钢、塑料等）和结构应能充分保证样品的原有状态。容器和盖子应清洁、无菌、干燥。样品容器应有足够的体积，使样品可在检验前充分混匀。样品容器包括采样袋、采样管、采样瓶、采样拭子等。容器需根据材质不同选择干热或湿热灭菌，容器必须完整无损，密封后不渗漏。

3. 其他用品　除工具和容器外，还应准备其他器具用品，用以辅助无菌操作、保存、运输等工作环节。包括酒精灯、75%酒精棉球、消毒纱布、一次性乳胶手套、温度计、铝箔、封口膜、标签、记号笔、采样箱/筐、采样登记表等。采样箱/筐和电子秤需提前用75%乙醇消毒。

4. 运送培养基　主要用于病原微生物样品的采集、运送和保存，在不丧失其生长能力的同时避免污染微生物过度生长，以确保样本在送达实验室之前仍然保持活性和完整性。如 Stuart′s 和 Amies 运送培养基等，多用于食源性疾病事件的样本采集。

（二）取样

1. 取样流程

（1）将酒精灯移至采样点附近，用酒精棉球进行手消毒，佩戴一次性乳胶手套。

（2）采样开口处及周围用75%酒精棉球消毒后方可打开。有活塞的样品容器应用75%的酒精棉球将活塞及出口处表面擦拭消毒，然后打开活塞待样品通过出口流出一些后再用灭菌样品瓶接取样品。

（3）选择合适的已经消毒灭菌的采样工具适量取样放入灭菌容器或灭菌袋中。在打开包装后，应尽快进行取样，尽量避免在空气中暴露过长时间。

（4）将装有样品的容器，在酒精灯下灼烧灭菌，加盖封口。

（5）贴标签编号，放入采样箱。

（6）填写采样记录单、整理器械、送检。

2. 不同种类样品的取样方法

（1）食品　采样件数 n 应根据相关食品安全标准要求执行，每件样品的采样量不小于5倍检验单位的样品，或根据检验目的确定。

1）预包装食品　采集相同批次、独立包装、适量件数的食品样品，每件样品的采样量应满足微生物指标检验的要求。独立包装小于或等于1000g的固态食品或小于或等于1000mL的液态食品，取相同批次的包装。独立包装大于1000mL的液态或半固态食品，可采集独立包装，也可在采样前摇动或用无菌棒搅拌液体，使其达到均质后采集适量样品，放入同一个无菌采样容器内作为一件食品样品；如果样品无法进行均匀混合，就从样品容器中的各个部位取代表性样品，放入同一个无菌采样容器内作为1件食品样品；大于1000g的固态食品，应用无菌采样器从同一包装的不同部位分别采取适量样品，放入同一个无菌采样容器内作为一件食品样品。

对于独立包装大于1000g（mL）的固态奶油及其制品，用无菌抹刀除去表层产品，厚度不小于5mm。将洁净、干燥的采样钻沿包装容器切口方向往下，匀速穿入底部。当采样钻到达容器底部时，将采样钻旋转180°，抽出采样钻并将采集的样品转入样品容器。

对于独立包装大于1000g的干酪、再制干酪、干酪制品，根据产品的形状和类型，可分别使用下列方法取样：在距边缘不小于10cm处，把取样器向产品中心斜插到一个平表面，进行一次或几次采样；或将取样器垂直插入一个面，并穿过产品中心到对面采样；或从两个平面之间，将取样器水平插入产品的竖直面，插向产品中心采样；或若产品是装在桶、箱或其他大容器中，或是将产品制成压紧的大块时，将取样器从容器顶斜穿到底进行采样。

对于独立包装大于1000g的乳粉、调制乳粉、乳清粉和乳清蛋白粉、酪蛋白和酪蛋白酸盐等制品，应将无菌、干燥的采样钻面朝下，沿包装容器切口方向匀速插入。当采样钻到达容器底部时，抽出采样钻并将采集的样品转入样品容器。

对于独立包装大于1000g的固态食用油脂制品，可以采集独立包装。也可用无菌抹刀除去表层产品，厚度不小于5mm，将洁净、干燥的采样钻沿包装容器切口方向往下匀速推入产品中，不要完全穿过，将采样钻旋转180°，抽出采样钻并将采集的样品转入样品容器。用同样的方法从同一包装的几个不同部位分别采取适量样品。

对于冰蛋品类，用灭菌斧或凿剥去顶层冰蛋，从容器顶部至底部钻取3个样心：第1个在中心，第2个在中心与边缘之间，第3个在容器边缘附近。用灭菌勺将钻屑放在盛样品容器内。

对于干蛋品类，小包装取整包或数小包作为样品，如系箱装或桶装，用无菌勺或其他灭菌器具，除去上层蛋粉，以灭菌取样器取3个或3个以上样心，随即用灭菌勺或其他合适的器具，以无菌操作将样心移至盛样器内。

2）散装食品或现场制作食品　用无菌采样工具从 n 个不同部位现场采集样品，放入 n 个无菌采样容器内作为 n 件食品样品。每件样品的采样量应满足微生物指标检验单位的要求。一般用无菌采样工具从5个不同部位现场采集样品，放入同一个无菌采样容器内作为1件食品样品。

采集散装或现场制作豆制品时，样品应充分搅拌混匀，用无菌采样工具从5个不同部位采集样品，放入同一个无菌采样容器内作为一件食品样品。如果样品无法进行均匀混合，则从同一包装的各个部位取代表性样品；样品数量小于相应标准的规定数量或装在桶、箱等单体大容器中，应按比例从中采集一定量经混合均匀的代表性样品，放入一个无菌采样容器内，将上述样品混合均匀后采样。如果样品无法进行均匀混合，则从同一包装的各个部位取代表性样品；采集腐乳、臭豆腐等豆制品样品时，若产品标签明示其液相部分（如卤汁等）也可食用的，则代表性样品应同时包含固形物和卤汁。

采集散装水产品及其制品时，若大型水产品无法采集个体，应以无菌操作方式在不少于5个不同部位分别采取适量样品放入同一个无菌采样容器内，作为一件食品样品；当对一批水产品进行质量判断时，应采集多个食品样品进行检验；不均匀/多种类混合水产制品，采样时应按照每种成分在初始产品中所占比例对所有成分采样；小型水产品应采集混合样。

采集生鲜乳时，样品应尽可能充分混匀，混匀后应立即取样，用无菌采样工具分别从相同批次（此处特指单体的贮奶罐或贮奶车）中采集样品；具有分隔区域的贮奶装置，应根据每个分隔区域内贮奶量的不同，按比例从每个分隔区域中采集一定量经混合均匀的代表性样品。不得混合后采样。

（2）腐败变质的样品　此类样品常用于查找食品腐败变质的原因。实验室检测开展前应使样品尽量保持其完整性，应使用较为坚实的材料包装以防止泄漏及进一步的损坏，如有必要应采用双层包装。采样时尤其应关注交叉污染和对采样人员的潜在危害（例如胖听的罐头会存在一定的气压）。若罐头或其他无菌包装产品疑似因嗜热芽孢杆菌污染造成腐败变质，则样品不得冷藏或冷冻。

（3）生产工序监测采样

1）自动化在线采样 某些食品的生产过程中，能设定在一定时间间隔直接由生产线上自动获取样品。这些样品也应采用适当的方式进行收集、保存和标识。

2）车间用水 自来水样从车间各水龙头上采集冷却水；汤料等从车间容器不同部位用 100mL 无菌注射器抽取。

3）车间台面、用具及加工人员手的卫生监测 采用拭子法。从无菌包装中取出拭子，将其顶端插到装有稀释液的试管中浸湿。将拭子端靠在试管壁上挤压，去除多余的稀释剂。用拭子在 20 ~ 100cm² 的区域来回擦拭，并每涂抹一次翻转一次拭子。将拭子放进装有稀释液的试管中，无菌折断或剪断拭子柄。也可借助采样板，如用 5cm² 孔无菌采样板及 5 支无菌棉签擦拭 25cm² 面积，擦拭后立即无菌折断或用无菌剪刀剪入盛样容器。接触板法。从包装容器中取出接触平板或蘸片，将其紧压在待检表面。接触时间为 10 秒。然后立即盖上接触平板或蘸片的盖子，并将其放回运输容器中。对消毒后表面的采样时应关注消毒剂残留情况，必要时应使用中和剂。

4）车间空气采样 采用沉降法。将 5 个直径 90mm 的普通营养琼脂平板分别置于车间的四角和中部，打开皿盖 5 分钟，然后盖盖送检。

（三）包装密封

为保证样品的完整性，装有样品的包装物应进行封口，以证实其可靠性，即从取样地点至实验室这段时间不发生任何变化。可采用自粘胶、特制的纸黏着剂或者石蜡等封口，封口处应填写日期、检验人员签字，必要时受检单位陪同人员同时签字，然后盖上专用的印章。

（四）标识

取样过程中应对所取样品进行及时、准确的标记。保存的样品应进行必要的清晰的标记，内容包括样品名称、样品描述、样品批号、企业名称、地址、取样人、取样时间、取样地点、取样温度（必要时）、测试目的等。标记应牢固并具有防水性，确保字迹不会被擦掉或脱色。所有盛样容器必须有和样品一致的标记。在标记上应记明产品标志与号码和样品顺序号以及其他需要说明的情况。

（五）运输

样品的运输过程必须有适当的保护措施，以保证样品的微生物指标不发生变化。取样结束后，按需要放入保温箱、冷藏箱或符合样品状态的密闭容器中，尽可能在原有状态下迅速运送或发送到实验室，一般应在取样后 6 小时以内送达实验室进行检验。

（1）对于热的即食及预制食品，所用的采集工具应为耐热材料的，封装后不得与常温或冷冻的样品放在同一个样品运输容器中。

（2）冷冻样品应存放在 -15℃ 以下的冰箱或冷库内；冷藏和易腐食品存放在 0 ~ 4℃ 冰箱或冷藏库内；也可置于保温容器内，加适量的冷却剂或冷冻剂，但样品不可与冷却剂或冷冻剂直接接触。保证途中样品不升温或不融化，必要时可于途中补加冷却剂或冷冻剂。

（3）对冷冻产品（如肉和鱼等）这类介于预包装产品和散装产品之间的情况，可以在生产厂现场采集或保持冷冻状态运输到实验室后再采集。

（4）运送水样时应避免玻璃瓶摇动，水样溢出后又回流瓶内，将增加污染风险。

（5）无特殊要求的其他食品可放在常温暗处。

【任务考核】

样品采样操作的考核

考核点	考核内容	分值	记录
准备	准备采样工具、容器及其他物品	20分	
取样	手消毒、点燃酒精灯	10分	
	采样开口处表面用75%乙醇擦拭消毒，剪刀过火焰，晾凉，剪开包装	10分	
	取样过程快速，取样量足够，保证随机性和代表性	10分	
包装	密封容器	10分	
标记	及时标记样品，样品信息完整清楚	20分	
运输	采取合适的贮运手段，保证样品初始状态	20分	
合计		100分	

目标检测

答案解析

1. 如需要采集的样品为冷冻水产品，应提前准备哪些采样工具、物品？
2. 样品标识应包含哪些信息？

任务三 样品的接收与检验

【知识学习】

（一）样品的接收

1. 部门接收

（1）填写委托单 无论抽检还是送检样品，首先应由委托方填写样品检验委托单，一般委托单一式二份，一份留检验机构存档，一份交委托方作为领取报告凭证。

（2）审核委托单 接收人员应审核样品检验委托单填写是否规范，是否有空项，手续是否齐备，资料是否完整，委托单位、委托方地址、生产单位、受检单位、联系人姓名、注册商标、生产日期/批号等信息是否与客户提供一致，标准引用是否正确、适宜。

一般参考现行有效的国家标准，标准中会有一种或几种检验方法，应根据不同的食品、不同的检验目的来选择恰当的检验方法。选择进出口食品检测的标准时，主要考虑进出口行业标准、国际标准（如FAO标准、WHO标准等）和每个食品进口国的标准。

（3）核查样品 样品应与"样品检验委托单"填写内容一致。样品包装应完好，如不完好应有文字记录。样品名称、类别、数量、规格、性状、散装/预包装等信息和状态应与实际样品保持一致。

（4）正式受理 给予样品唯一性编号，样品接收人员在"样品检验委托单"上签字并承诺出具报告日期。

2. 实验室接收 实验室接收样品时，应仔细检查。

（1）确认并记录样品信息　仔细检查样品，确认并记录样品名称、类别、数量、规格（如1kg/袋、500mL/瓶）、性状、运输条件、采样日期和时间等信息。除了采用文字描述，必要时实验室可通过影像记录样品的性状。

（2）标识样品　生成样品标签，内容包括样品名称、样品的唯一性编号、样品状态（未检、待检、已检、留存），贴在样品包装上。确保样品在实验室期间保留样品标识及时更新样品状态。对于多个包装的同一样品应在样品受理编号后面加横杠和数字加以细分识别，以确保每个包装的唯一性。

（二）样品的流转

1. 样品流转交接　样品管理员应及时将不需分装制备的样品分发给检验检测人员，并在样品流转单或其他类似系统中做好交接记录。

2. 样品分发　由多个检验检测人员共同使用或分包的样品，样品管理员应根据检验检测项目及时将加贴了标识的样品，分发给样品分装制备员进行分装并在样品流转单或其他类似系统做好交接记录。

3. 信息核对　检验检测人员应根据登记的样品信息核对样品，检查是否存在差异，如密封情况、包装、标识、性状等，有疑义应立即报告。

4. 样品流转状态　样品在检验检测和传递过程中应按照样品的检验检测状态分类存放，并在样品标识上注明"待检""在检""检毕""留样"。

（三）样品的贮存、保管

1. 微生物实验室应设置独立的样品室或适宜的设施保存样品，设有低温设备如冰箱或冷柜等，注意温度、湿度、阳光、尘埃等影响因素，应有消防安全措施，应授权专人管理。必要时，应设立门禁或报警系统。

2. 保持样品的完整性和安全，防止样品在待检、分装制备、检测、传递和储存过程中受到污染或样品间的交叉污染，防止样品发生变质、丢失或损坏，以保证需要时样品具有良好的稳定性和重现性。

3. 根据样品的性质如生物特性、包装方式、加工工艺等，选择适宜样品的保存方法，以确定样品性状在足够长的时间内保持稳定以满足检测需求。应在接近原有贮存温度条件下贮存样品，或采取必要措施防止样品中微生物数量的变化。特别注意温度条件，应按照冷冻、冷藏、常温区分保存。

（1）冷冻样品按要求冷冻保藏。冷冻样品来不及检验应放入-15℃以下冰箱内，待检样品存放时间不应超过36小时。

（2）干燥食品可放在常温冷暗处，注意不能使其吸潮或水分散失。

（3）易腐和冷藏样品如需要短时间保存，可在0~4℃冷藏保存。待检样品存放时间不应超过36小时，保存时间过长会造成样品中嗜冷细菌的生长和嗜中温细菌的死亡。

（4）维持、监控和记录样品存放条件，特别是保存温度对检测结果有影响的冷藏和冷冻样品，至少应每天记录一次样品储存温度。

（四）检毕样品的处理

检验结果报告后，被检样品方能处理。报告发出后留样样品的留样期不得少于报告投诉反馈时间。对不合格样品和特殊样品，如有必要可重点延长留样期。

1. 阴性样品　通常指的是未检测到特定微生物的样品。对于阴性样品，如果是在食品卫生微生物检验中，可以及时处理，不需要特别保留。

2. 阳性样品　检测到特定微生物的样品被称为阳性样品。对于阳性样品，需要在发出报告后保留一定时间，具体保留时间根据样品的性质而定。一般阳性样品发出报告后3天（特殊情况可适当延长）

方能处理样品；进口食品的阳性样品，需保存 6 个月方能处理。检出致病菌的样品要经过无害化处理，如高温杀菌后再丢弃。

检验结果报告后，剩余样品和同批产品不进行微生物项目的复检。

（五）样品的检测

样品的检测包括检验前的准备、样品的预处理、稀释、接种、培养、观察记录、鉴定分析和报告结果等环节。在实际操作中应根据具体产品特性和检测目的对流程进行适当调整。同时，检测过程中应严格遵守无菌操作规范，以确保检测结果的准确性和可靠性。

1. 常见食品的处理原则　不同种类的食品，其形态、黏度、pH、含盐量、酒精度、可食用部分比例等特性不同，包装材料和形式也有很大的区别。为保证在无菌操作条件下随机取得有代表性的样品，并确保样品中可能存在的目标微生物被正常检出，应根据样品的实际情况和检验目的，参照各类食品的采样和检样处理标准，用不同的工具和方法，对其进行检样处理。部分举例如下。

（1）酒类、饮料、冷冻饮品

1）带木（塑料）棒等不可食用材料的冷冻饮品，将可食部分放入无菌容器内，直接抽出木（塑料）棒，或用灭菌剪刀剪去暴露于检样外的木（塑料）棒部分。

2）液体样品中如含有固体、半固体成分，样品体积在 200mL 以下的，应将全部内容物均质后取样检验。样品体积在 200mL 以上的，可上下颠倒混匀后，取 200mL 均质后取样检验。

3）含气体的液体样品应先倒入一灭菌容器内，口勿盖紧，轻轻摇晃排出气体。摇晃时需避免含气液体污染操作台面，必要时可覆盖纱布。待气体全部逸出后取样检验。

4）溶解后能产生气体的固体饮料，在加入相应稀释液或增菌液后，充分摇荡，使气体全部逸出后，进行下一步检验工作。从混样到检验间隔时间不应超过 3 分钟。

（2）粮食制品

1）年糕等黏性较大的样品　可用无菌剪刀或刀具将样品剪切或切割成小段（块）均质后检验。

2）带馅（料）面米制品　可将皮和馅（料）混匀后称量 25g 检样，放入盛有 225mL 灭菌稀释液或增菌液的无菌容器内均质后检验。

3）带调料包的方便面米制品　将面米块和调料混匀后称取 25g 检样，放入盛有 225mL 灭菌稀释液或增菌液的无菌容器内均质后检验。

4）焙烤食品、膨化食品、冲调谷物、淀粉制品和面筋等粮食制品　用灭菌刀（勺）从表层和深层分别取出有代表性的适量样品，称取 25g 检样，放入盛有 225mL 灭菌稀释液或增菌液的无菌容器内均质后检验。对于脂肪含量较高的蛋糕等粮食制品，可将称取后的检样加入预热至（45±5）℃并添加吐温 80 的灭菌稀释液或增菌液（吐温 80 添加量按终体积 250mL 加入 10mL），均质混匀后检验。

5）对于固态粮食制品样品　如果按照 1：10 稀释太黏稠，可加大稀释液体积；首次稀释也可适当减少稀释液体积，获得所需试验结果。

（3）豆制品

1）豆腐、腐乳、豆豉等豆制品　用灭菌刀（勺）从表层和深层分别取出有代表性的适量样品，称取 25g 检样，加入 225mL 灭菌稀释液或增菌液中，均质混匀。含固形物和卤汁的样品，可用灭菌刀（勺）按压搅拌混匀后取样。检验盐分较高的样品时，不适合用生理盐水作为稀释液，可根据情况使用灭菌蒸馏水或蛋白胨水等稀释液。

2）豆干、豆皮、腐竹类制品　用无菌剪刀或刀具将样品剪切或切割成小段（块），混合均匀后称取 25g 检样，加入 225mL 灭菌稀释液或增菌液中，均质混匀。

3）速溶豆粉、豆浆粉等豆制品　用灭菌勺取出适量样品，称取检样25g，加入预热至45℃的225mL灭菌稀释液或增菌液中，振摇使充分溶解和混匀（使用锥形瓶可加入玻璃珠助溶）。

4）液态和半固态豆制品　将检样摇匀，称量25mL或25g检样，加入225mL灭菌稀释液或增菌液中，均质混匀。检验pH较低的酸豆奶样品时，使用生理盐水稀释液，用1mol/L NaOH调节样品稀释液pH至7.0±0.5。

（4）水产品

1）鱼类　以检验卫生指示菌为目的时，采取检样的部位为可食用部分。用无菌水将体表冲净（去鳞），再用75%酒精棉球擦净表面或切口，待干后用无菌剪刀剪取可食用部分25g放入含有225mL 0.85% NaCl溶液（海产品宜使用3.5%～4.0% NaCl溶液）中，均质1～2分钟。以检验致病菌为目的时，采取检样的部位为腮腺、体表、肌肉、胃肠消化道。用无菌水将体表冲净，用无菌剪刀剪取腮腺、体表、肌肉、胃肠消化道等混合样25g放入相应的225mL增菌液中，均质1～2分钟。小型鱼类和分割的鱼类，直接剪碎后称取25g样品放入含有225mL 0.85% NaCl溶液（海产品宜使用3.5%～4.0% NaCl溶液）或相应的225mL增菌液中，均质1～2分钟。

2）虾类　以检验卫生指示菌为目的时，采取检样的部位为腹节内的肌肉。将虾体在无菌水下冲净，摘去头胸节，用灭菌剪子剪除腹节与头胸节连接处的肌肉，然后挤出腹节内的肌肉，称取25g放入含有225mL 0.85% NaCl溶液（海产品宜使用3.5%～4.0% NaCl溶液）中，均质1～2分钟。以检验致病菌为目的时，采取检样的部位为腹节、腮条。将虾体在无菌水下冲洗，剥去头胸节壳盖，用无菌剪刀剪取腮条，将腹节剪碎，取腮条及剪碎的腹节混合样25g，放入相应的225mL增菌液中，均质1～2分钟。小型虾类可不去壳，直接剪碎后称取25g样品放入含有225mL灭菌0.85% NaCl溶液（海产品宜使用3.5%～4.0% NaCl溶液）或相应的225mL增菌液中，均质1～2分钟。

3）蟹类　以检验卫生指示菌为目的时，采取检样的部位为胸部肌肉。将蟹体在无菌水下冲洗，剥去壳盖和腹脐，再除去鳃条，复置无菌水下冲净。用75%酒精棉球擦拭前后外壁，置灭菌托盘上待干。然后用灭菌剪刀剪开成左右两片，再用双手将一片蟹体的胸部肌肉挤出（用手指从足跟一端向剪开的一端挤压），称取25g样品放入含有225mL 0.85% NaCl溶液（海产品宜使用3.5%～4.0% NaCl溶液）中，均质1～2分钟。以检验致病菌为目的时，采取检样的部位为背部、腹脐、腮条。将蟹体在无菌水下冲洗，剥去壳盖，用无菌剪刀剪取背部、腹脐、腮条混合样25g放入相应的225mL增菌液中，均质1～2分钟。小型蟹类可不去壳，直接剪碎后称取25g样品放入含有225mL 0.85% NaCl溶液（海产品宜使用3.5%～4.0% NaCl溶液）或相应的225mL增菌液中，均质1～2分钟。

（5）乳与乳制品独立包装小于或等于1000g（mL）的产品，取相同批次的独立包装，独立包装大于1000g（mL）的产品分别按下述方法处理。

1）浓缩乳制品、发酵乳、风味发酵乳，采样前应摇动或使用搅拌器搅拌，使其达到均匀后采样。如果样品无法均匀混合，应从样品容器中的不同部位采取代表性样品。

2）稀奶油、奶油、无水奶油，采样前应摇动或使用搅拌器搅拌，使其达到均匀后采样。对于固态奶油及其制品，用无菌抹刀除去表层产品，厚度不少于5mm。将洁净、干燥的采样钻沿包装容器切口方向往下，匀速穿入底部。当采样钻到达容器底部时，将采样钻旋转180°，抽出采样钻并将采集的样品转入样品容器。

3）干酪、再制干酪、干酪制品，根据产品的形状和类型，可分别使用下列方法取样：在距边缘不小于10cm处，把取样器向产品中心斜插到一个平表面，进行一次或几次采样；或将取样器垂直插入一个面，并穿过产品中心到对面采样；或从两个平面之间，将取样器水平插入产品的竖直面，插向产品中心采样；或若产品是装在桶、箱或其他大容器中，或是将产品制成压紧的大块时，将取样器从容器顶斜穿到底进行采样。

4）乳粉、调制乳粉、乳清粉和乳清蛋白粉、酪蛋白和酪蛋白酸盐等制品　应将无菌、干燥的采样钻面朝下，沿包装容器切口方向匀速插入。当采样钻到达容器底部时，抽出采样钻并将采集的样品转入样品容器。

（6）食用油脂制品

1）液态食用油脂制品　将检样摇匀，用灭菌吸管吸取 25mL 检样，加入预热至（45±1）℃的盛有 225mL 灭菌稀释液或增菌液的无菌容器中，均质混匀。

2）半固态和粉末固态食用油脂制品　无菌操作称取 25g 检样，加入预热至（45±1）℃的装有 225mL 灭菌稀释液或增菌液的无菌容器中，均质混匀；若为粉末制品，则以无菌操作称取检样 25g，缓慢倾倒于盛有 225mL 灭菌稀释液或增菌液液面上，室温静置后均质混匀。

3）固态食用油脂制品　灭菌刀（勺）从表层和深层分别取出有代表性的适量样品，无菌操作称取 25g 检样，加入预热至（45±1）℃的盛有 225mL 灭菌稀释液或增菌液的无菌容器中，均质混匀。在检样处理环节所使用的稀释液或增菌液中，应根据各类食用油脂制品的脂肪含量加入适当比例的灭菌吐温 80 进行乳化混匀，添加量可以按食用油脂制品每 10% 的脂肪含量加 1g/L 计算（如脂肪含量为 40%，加 4g/L）。

（7）调味品

1）稀释处理　待检样品在称量或定量后，按 1:9 体积稀释，混合后稀释液如有大颗粒可进行搅拌。如果 1:9 稀释液太黏稠，可加大稀释液体积；如果需要比 1:9 更高浓度的首次稀释液才能获得实验结果，可适当减少稀释液体积。如果估计样品中细菌数少于 10CFU/g，应使用首次稀释液；在细菌含量更低的情况下，可适当减少稀释液的体积。样品若为干燥脱水物质，稀释液选择缓冲蛋白胨水，减少渗透压剧烈改变对菌群的影响。高脂肪含量的样品（脂肪总质量超过 20%），稀释液中加入无菌吐温 80（质量浓度 1~10g/L），充分乳化。根据对样品脂肪含量的估计，10% 的脂肪含量稀释液中加入质量浓度 1g/L 吐温 80，如脂肪含量 40%，稀释液中加入质量浓度 4g/L 吐温 80。

2）其他处理　食醋样品用 20%~30% 灭菌碳酸钠溶液调节 pH 至 7.0±0.5。含有抑菌物质的样品中，如洋葱粉、大蒜、胡椒等，检验前需要降低样品的抗菌活性，如提高稀释度，肉桂使用 1:100 稀释度，丁香使用 1:1000 稀释度；在缓冲蛋白胨水中加入亚硫酸钾（K_2SO_3），终浓度达到 0.5%；若样品中盐质量分数超过 10%，使用更高稀释度使初始悬浮液氯化钠总浓度不超过 1%。

（8）蛋与蛋制品

1）蛋壳/蛋壳淋洗　选取蛋壳完整的样品，用少量的稀释液或培养基（方法中规定的）淋洗蛋壳 3~5 次，淋洗时要旋转。收集淋洗液，即为待测样品原液。

2）鲜蛋类（鲜蛋、洁蛋、营养强化蛋等）　去除鲜蛋壳上污物，将鲜蛋在流水下洗净，待干后用 75% 乙醇棉消毒蛋壳，然后根据检验要求打开蛋壳取出蛋白、蛋黄或全蛋液，放入带有玻璃珠的灭菌瓶内，充分摇匀待检。针对鲜蛋白样品，检验时初始液推荐使用方法为 1:40 稀释，这样可以稀释蛋白中溶菌酶的抑制作用。

3）冰蛋制品（冰全蛋、冰蛋黄、冰蛋白）　为了防止蛋样中微生物数量的增加或减少，尽可能地使蛋样在低温下尽快融化，可在 45℃ 以下不超过 15 分钟，或 18~27℃ 不超过 3 小时，或 2~5℃ 不超过 18 小时解冻（检验方法中有特殊规定的除外），频繁地旋转振荡盛样品的容器，有助于冰蛋样融化。也可直接称取样品放入温度为室温的稀释液中，这样也有助于样品的化冻。

4）干蛋制品（全蛋粉、蛋黄粉、蛋白粉、干蛋片等） 称取样品放入带有玻璃珠的灭菌瓶内，按比例加入稀释液充分摇匀待检；检验时蛋白片（粉）样品推荐初始液使用方法为1∶40稀释。

5）再制蛋（咸蛋、咸蛋黄、皮蛋、醉蛋、糟蛋、卤蛋、茶叶蛋、煎蛋、煮熟蛋等） 无菌去除外包装和外壳，取可食部分；如为腌制的蛋品类，初始液可以使用灭菌蒸馏水，避免高浓度盐的影响。

（9）肉与肉制品

1）冷冻样品 应在45℃以下不超过15分钟进行解冻，或18~27℃不超过3小时，或2~5℃不超过18小时解冻（检验方法中有特殊规定的除外）。

2）酸度或碱度过高的样品 可添加适量的1mol/L NaOH 或 HCl 溶液，调节样品稀释液pH在7.0±0.5。

3）坚硬、干制的样品 应将样品无菌剪切破碎或磨碎进行混匀（单次磨碎时间应控制在1分钟以内）。

4）脂肪含量超过20%的产品 可根据脂肪含量加入适当比例的灭菌吐温80进行乳化混匀，添加量可按照每10%的脂肪含量加1g/L计算（如脂肪含量为40%，加4g/L）。也可将稀释液或增菌液预热至44~47℃。

5）皮层不可食用的样品 对皮层进行消毒后只采取其中的可食用部分。

6）盐分较高的样品 不适合使用生理盐水，可根据情况使用灭菌蒸馏水或蛋白胨水等。

7）含有多种原料的样品 应参照各成分在初始产品中所占比例对每个成分进行取样，也可将整件样品均质后进行取样。

2. 样品的均质 均质是指将样本中的微生物充分混合，以获得可靠且精确的检测结果的过程。在微生物检验中，快速的均质可以提高样本的一致性，从而确保检测准确性和可靠性。

（1）拍打式均质法 通过拍打和振动的方式使样品产生剪切力和撞击力，实现样品的混合和均质化，被广泛应用于各种生物样品和试剂的匀浆、溶解和分散。在微生物检验中，适用于各种固体、半固体或液体样品的处理，如样品中有坚硬的组织、骨头等，应调整均质机拍击间距，或使用其他均质方法。

（2）捣碎均质方法 将100g或100g以上样品剪碎混匀，从中取25g放入带225mL稀释液的无菌均质杯中8000~10000r/min均质1~2分钟，对大部分食品样品都适用，一般用于处理固体和半固体。

（3）剪碎振摇法 将100g或100g以上样品剪碎混匀，从中取25g进一步剪碎，放入带有225mL稀释液和适量4.5mm左右玻璃珠的稀释瓶中，盖紧瓶盖，用力快速振摇50次，振幅不小于40cm。

（4）研磨法 将100g或100g以上样品剪碎混匀，取25g放入无菌乳钵充分研磨后再放入带有225mL无菌稀释液的稀释瓶中，盖紧盖后充分摇匀。

（5）整粒振摇法 有完整自然保护膜的颗粒状样品（如蒜瓣、青豆等）可以直接称取25秒整粒样品入带有225mL无菌稀释液和适量玻璃珠的无菌稀释瓶中，盖紧瓶盖，用力快速振摇50次，振幅在40cm以上。

【任务发布】

按照 GB 4789.1 中采样方法以及食品安全相关标准的规定，对不同种类的食品进行检验操作。

【任务实施】

（一）检验前准备

根据检验目的和项目准备检验物品，包括培养基和试剂、仪器设备和各种工器具等。操作人员进入无菌室后，实验没完成前不得随便出入无菌室。

1. 准备各种仪器设备，如冰箱、恒温水浴箱、显微镜等。

2. 准备各种检验用品，已灭菌冷却的玻璃仪器，如吸管、平皿、广口瓶、试管等，以及移液器和枪头等，可提前送至无菌室，用紫外线照射外包装消毒。

3. 配制所需培养基、稀释液、各种试剂和药品，根据检测工作的时间安排，制备现配现用的培养基，需要倾注平板的培养基提前熔化，保存在46~50℃的水浴中。

4. 准备无菌室，检查酒精灯、乙醇棉、记号笔、电子天平以及均质设备等是否满足使用要求，提前打开紫外灯，紫外线消毒作用时间≥30分钟，关灯后30分钟方可进入工作；如用超净工作台，提前30分钟打开紫外灯。无菌室工作衣、帽、鞋、口罩等灭菌后备用。

（二）检测

样品的检测应在洁净区域内进行，检验人员严格遵守无菌操作规范。

1. 标识 对样品进行标识标记，整理待用的试管、培养皿等，并进行相应标记，培养皿一般标记在下盖的底部和侧边。

2. 检样处理

（1）开启包装 样品容器开启前，使用75%乙醇消毒开启部位及其周围后，用灭菌剪刀剪开。液体或半固体样品应先将其充分摇匀，如容器已装满，可迅速翻转25次；如未装满，可于7秒内以30cm的幅度摇动25次；或者用玻璃棒或其他搅拌工具混合均匀。若是冷冻样品，必须事先在原容器中完全解冻，2~5℃不超过18小时或45℃不超过15分钟或18~27℃不超过3小时（检验方法中有特殊规定的除外）。

（2）样品稀释或增菌 固体样品或半固体样品称取25g（±0.1g）有代表性样品，液体样品用灭菌吸管取充分混合后样25mL。置于已去皮调整至零的无菌均质袋，加入225mL无菌磷酸盐缓冲液或无菌生理盐水，用拍击式均质器拍打1~2分钟；或者置于已去皮调整至零的无菌均质杯内，加入225mL无菌磷酸盐缓冲液或无菌生理盐水，8000~10000r/min均质1~2分钟；或者直接置于盛有225mL无菌磷酸盐缓冲液或无菌生理盐水的无菌锥形瓶（瓶内可预置适当数量的无菌玻璃珠）中，充分混匀。手摇幅度30cm，7秒内振摇25次为宜。

必要时，酸性样品用20%~30%灭菌碳酸钠（Na_2CO_3）或1mol/L氢氧化钠溶液、碱性样品用1mol/L盐酸溶液调节pH至7.0±0.5后取样检验。

如果该步操作目的是增菌，样品应置于盛有增菌液的无菌锥形瓶，如使用均质袋进行预增菌培养，应使用带有底托的均质袋架子，防止培养过程中因增菌液泄露而污染培养箱。

3. 稀释 准确吸取均质后的样液1mL，沿试管管壁徐徐接种到含9mL无菌磷酸盐缓冲液或无菌生理盐水里，盖上试管塞后充分振荡混匀为1∶100稀释液。重复该操作，按需要配制1∶1000、1∶10000等稀释液。

为减少样品稀释误差，在连续递增稀释时（原液在前稀释液在后），每一稀释液应充分振摇，使其均匀，同时每一稀释度应更换一个枪头或移液管。

4. 样液接种

（1）取灭菌的枪头或者灭菌的移液管。

（2）准确吸取样品匀液1mL，在2~4秒内完全注入已标识清楚的平皿或培养液中。

（3）如果某一样品液在接种前放置时间超过3分钟，应重新均质。

（4）为了验证环境和稀释液、培养基、平皿、枪头等器具无菌需做空白对照。

5. 倾注培养基 将提前置于46~50℃恒温水浴中的培养基三角瓶取出，右手持三角瓶，瓶口置火焰旁边，用左手拇指和食指或中指使平皿开启不超过30°，迅速倒入培养基15～20mL，加盖后轻轻摇动培养皿，左三圈，右三圈，使培养基均匀分布在培养皿底部，然后平置于桌面。

6. 培养　将需培养的物品通过传递窗移出无菌室，平板倒置放入恒温培养箱中（每垛最多堆放6个平板，平板间要留有空隙进行空气流通，使培养物的温度尽快与培养箱温度达到一致），按所规定的时间温度进行培养。装有斜面、高层斜面、液体培养基的试管立在试管架上放入恒温培养箱中，按规定的时间温度进行培养。

7. 计数判定或定性鉴定　定量检测直接对培养物进行人工计数或计数器计数。病原菌的定性检测需要在增菌后分离，挑取可疑菌落，进行染色镜检、生化试验或血清学鉴定等操作确认结果。

8. 结果与报告　检验人员必须及时填写原始记录或报告单，结果的报告形式必须与检测依据标准的要求完全一致。原始记录内容中除了结果之外，必须详细记录检测过程的信息，以确保检测结果的准确性，便于对检验结果和过程进行溯源监督。原始记录不可事后补记或转抄，不得随意删除、修改或增减数据。如必须修改，应在修改处划一斜线，不得完全涂黑，保证修改前的记录能够辨认，并应由修改人签名，注明修改时间及原因。原始记录必须由检验人员本人签名，同岗检验人员复核。

【任务考核】

样品检验操作的考核

考核点	考核内容	分值	记录
熟悉标准	能否准确描述 GB 4789.1 的核心内容和食品安全相关标准的主要要求	5分	
实验室准备	检查无菌实验室的温湿度控制、设备运行状态及试剂的有效期	5分	
个人防护	观察实验人员是否按规定佩戴个人防护装备，如手套、口罩、实验服等	5分	
样品接收	检查样品接收记录是否完整、准确	5分	
样品标识	检查样品标签是否完整、准确，包括样品名称、采样日期、采样人等	5分	
器具标识	检查器具标签或记录是否完整、准确，如编号、使用日期等	5分	
样品均质化	样品称量准确。观察均质化操作是否规范、有效，对于需要均质化的样品，是否按照标准要求进行均质化处理	10分	
稀释操作	观察稀释操作过程是否符合无菌操作要求，避免交叉污染	5分	
样液接种	观察接种操作是否准确控制接种量，符合标准要求。检查接种操作是否符合无菌操作要求，避免污染	10分	
倾注培养基	观察倾注操作过程是否符合无菌操作要求，培养基是否均匀覆盖培养皿，避免污染和气泡产生	10分	
培养观察	检查培养箱的设置是否符合标准，包括培养温度、湿度、时间等。检查培养记录是否完整、准确，是否定期观察培养情况，记录异常现象	10分	
计数方法	检查计数方法的准确性和适用性，对于需要计数的样品，是否采用正确的计数方法进行计数	5分	
定性鉴定	检查定性鉴定方法的准确性和适用性，对于需要定性鉴定的样品，是否采用正确的鉴定方法进行鉴定	5分	
结果记录	检查结果记录是否完整、准确，符合标准要求	5分	
结果分析	检查分析结果是否准确、合理，是否对检测结果进行正确分析，得出合理结论	5分	
报告编写	检查检测报告的格式、内容是否符合标准，数据是否准确、可靠，是否规范、完整	5分	
合计		100分	

目标检测

1. 微生物检验中，含有气体的样品如何处理？

2. 微生物检验中，可以对剩余样品和同批产品进行微生物项目的复检么？

项目四　微生物检验的基础实验技术

导言

　　微生物的分离和培养是了解微生物特性、进行深入研究的第一步。通过特定的培养条件和方法，可以从复杂的样品中分离出单一种类的微生物，进而观察其生长特性、代谢规律等。这一技术对于食品安全监测中病原菌的快速检测及食品腐败微生物的鉴定等具有重要应用价值。微生物的鉴定是确定微生物种类、评估其生物学特性的关键步骤。鉴定方法包括生化鉴定、核酸检测、血清学鉴定、自动化仪器鉴定及质谱技术鉴定等，根据实际的需求以及所要达到的鉴定水平（属、种、株），选择最适合要求的鉴定技术，必要时可采用多种鉴定方法进行确认。

学习目标

【知识要求】

　　1. 掌握微生物接种的基本原则；微生物纯培养的概念及实现方法；微生物形态结构和培养特性的观察方法及其意义；血清学试验（如凝集试验、沉淀试验、中和试验）的基本原理及在微生物鉴定中的作用。

　　2. 熟悉不同接种方法（如划线法、涂布法、倾注法等）的原理及应用场景；常见生理生化试验（如糖发酵试验、IMViC 试验、尿素酶试验等）的原理及应用。

　　3. 了解微生物在不同培养基上的生长条件，包括温度、湿度、pH 值、氧气需求等；分子生物学鉴定技术（如 PCR、16S rRNA 测序、全基因组测序）的基本原理和最新进展。

【技能要求】

　　4. 能够使用各种接种方法，并能根据微生物种类选择合适的接种方式；能够设计和执行微生物纯培养计划，包括选择合适的培养基和培养条件；能够观察和记录微生物的生长情况，包括生长速度、菌落形态等；能够使用显微镜观察并描述微生物的形态结构；能够独立进行生理生化试验，正确解读试验结果；学会血清学试验的基本操作，包括抗体的制备、稀释、反应条件的控制等；学会分子生物学实验室设备的基本操作，如 PCR 仪、电泳仪等，进行简单的分子生物学鉴定实验；能够综合分析微生物的形态、生理生化特性、血清学反应及分子生物学数据，进行初步鉴定；能够独立完成微生物培养实验，包括培养基制备、接种、培养条件设置等。

【素质要求】

　　5. 具备严谨的科学态度，重视实验数据的准确性和可重复性；主动学习和跟踪微生物学及相关领域的新知识、新技术；深刻认识到微生物实验的安全风险，严格遵守实验室安全规程；能够正确处理微生物实验废弃物，防止环境污染和生物危害。

任务一 微生物的分离和培养

【知识学习】

(一) 接种

将微生物（如样品、菌苔或菌悬液等）用工具接到适于它生长繁殖的培养基上或活的生物体内的过程叫作接种。常用的接种方法如下。

（1）划线接种　是最常用的接种方法。即在固体培养基表面做来回直线形的移动，就可完成接种。常用的接种工具有接种环、接种针等。在斜面接种和平板划线中就常用此法。斜面接种主要用于经划线分离培养所获得的单个菌落的移种、保存菌种以及观察细菌的某些培养特征。平板划线分离用于获得单个菌落的培养。

（2）三点接种　把少量的微生物接种在平板表面上，呈等边三角形的三点，让它各自独立形成菌落后，来观察、研究它们的形态。除三点外，也有一点或多点进行接种的。主要用于研究霉菌形态。

（3）穿刺接种　接种工具为接种针，用的培养基一般是半固体培养基。用接种针蘸取少量的菌种，沿半固体培养基中心向管底做直线穿刺，如某细菌具有鞭毛而能运动，则在穿刺线周围能够生长。用于保存厌氧菌种、观察微生物的动力及厌氧培养等，也可以用于观察细菌的某些生化反应。

（4）浇混接种　该法是将待接的微生物先放入培养皿中，然后再倒入冷却至45℃左右的固体培养基，迅速轻轻摇匀，这样可达到稀释菌液的目的。待平板凝固之后，置合适温度下培养，就可长出单个的微生物菌落。用于微生物的计数测定。

（5）涂布接种　将菌液倒在凝固的平板培养基上面，迅速用涂布棒在表面做来回左右的涂布，让菌液均匀分布，从而长出单个的微生物菌落。用于计算活菌数，也可以利用其在平板表面分布生长的特点，配合牛津杯或滤测试片进行抑菌圈试验。

（6）液体接种　从固体培养基中将菌洗下或刮下，接入液体培养基中；或从液体培养物中，吸取菌液接至液体培养基中；或从液体培养物中将菌液移至固体培养基中的操作，均为将液体接种。用于菌种的复壮、扩大培养或观察生长特征。

(二) 分离纯化

含有一种以上的微生物培养物称为混合培养物（mixed culture）。如果在一个菌落中所有细胞均来自一个亲代细胞，那么这个菌落称为纯培养（pure culture）。在进行菌种鉴定时，所用的微生物一般均要求为纯的培养物，得到纯培养的过程称为分离纯化。常用的方法如下。

1. 倾注平板法　首先把微生物悬液通过一系列稀释，取一定量的稀释液与熔化好的保持在 46~48℃左右的固体培养基充分混合，然后把这混合液倾注到无菌的培养皿中，待凝固之后，把这平板倒置在恒箱中培养。单一细胞经过多次增殖后形成一个菌落，取单个菌落制成悬液，重复上述步骤数次，便可得到纯培养物。

2. 涂布平板法　首先把微生物悬液通过适当的稀释，取一定量的稀释液放在无菌的已经凝固的营养琼脂平板上，然后用无菌的玻璃刮刀把稀释液均匀地涂布在培养基表面上，经恒温培养便可以得到单个菌落。

3. 平板划线法　最简单的分离微生物的方法是平板划线法。用无菌的接种环取培养物少许在平板上进行划线。划线的方法很多，常见的比较容易出现单个菌落的划线方法有斜线法、曲线法、方格法、放射法、四格法等。当接种环在培养基表面上往后移动时，接种环上的菌液逐渐稀释，最后在所划的线上分散着单个细胞，经培养，每一个细胞长成一个菌落。

4. 富集培养法　方法和原理非常简单。我们可以创造一些条件只让所需的微生物生长，在这些条件下，所需要的微生物能有效地与其他微生物进行竞争，在生长能力方面远远超过其他微生物。如果要分离一些专性寄生菌，就必须把样品接种到相应敏感宿主细胞群体中，使其大量生长。通过多次重复移种便可以得到纯的寄生菌。

5. 单细胞（或单孢子）分离法　采取显微分离法从混杂群体中直接分离单个细胞或单个个体进行培养以获得纯培养。较大的微生物，可采用毛细管提取单个个体。个体相对较小的微生物，需采用显微操作仪，在显微镜下用毛细管或显微针、钩、环等挑取单个微生物细胞或孢子以获得纯培养。单细胞分离法对操作技术有比较高的要求。

（三）培养

微生物的生长，除了受本身的遗传特性决定外，还受到许多外界因素的影响，如营养物浓度、温度、水分、氧气、pH等。借助人工配制的培养基和人为创造的培养条件（如培养温度等），使某些微生物快速生长繁殖，表现其生理作用或产生某种代谢产物的操作技术称为微生物培养。微生物的种类不同，培养的方式和条件也不尽相同。培养技术被用于微生物的分类鉴定工作以及生理代谢和遗传研究，也可以通过培养大量增殖微生物菌体，如获得单细胞蛋白或胞内产物，或在微生物生长的同时获得目标代谢产物的大量积累。

1. 按菌种是否单一分类　可分为纯培养和混合培养。纯培养指对已纯化的单一菌种进行培养和利用；混合培养指对混合菌种或自然样品（如土壤）中的微生物进行培养，然后根据培养基上所生长微生物的种类和数量，可在一定程度上估算样品中微生物的多样性与数量。

2. 按培养工艺分类　可分为间歇培养法和连续培养法。间歇培养法（batch cultivation），又称分批培养法，即把微生物接种于一定体积的培养基，经过培养后一次收获的培养方法。连续培养法（continuous culture），不断向培养基中补充新鲜养料，并及时不断地以同样速度排出培养物，此法按照不同的控制方式，分为恒浊连续培养法，即不断调节流速而使菌液浊度保持恒定，以及恒化连续培养法，通过控制恒定的流速，来保证微生物恒定的生长速率。

3. 按培养基的物理状态分类　可分为固体培养法和液体培养法。固体培养是将菌种接至固体培养基中，在合适的条件下进行微生物培养的方法。液体培养是使微生物在液体培养基中迅速繁殖，获得大量的培养物的方法。

4. 按需氧程度分类　可分为好氧培养法、厌氧培养法和二氧化碳培养法。

（1）好氧培养法　又称好气培养法，在培养时需要加入氧气，否则目标微生物无法良好生长，如斜面培养可通过棉花塞或硅胶塞从外界获得无菌的空气，三角瓶液体培养可通过摇床振荡，使外界的空气持续进入瓶中。按培养方式可分为以下几种。

1）摇床培养法　将微生物接种于盛有液体培养基的三角瓶，固定于恒温振荡培养箱的摇床上，设置培养温度、转速，使空气不断进入培养液中，促进其良好生长。

2）浅盘培养法　又称表面培养法，在盘内放一浅层培养基，使微生物能够充分接触空气，而有利于生长繁殖，但此法所需空间大，并且容易污染杂菌。

3）深层培养法　适用于好气微生物的大规模发酵培养，在大容积的液体培养基中，通入无菌空气，并不断搅拌，可使微生物充分接触空气，迅速繁殖并积累代谢产物。

（2）厌氧培养法　又称厌气培养法，把微生物置于与分子态氧隔绝状态下所进行的培养，适用于兼性厌氧菌和专性厌氧菌。在厌氧微生物的培养过程中，需要使用物理或化学方法除去培养基中的氧气。

1）庖肉培养法　无需特殊设备，适用于厌氧菌的简易培养，特别是梭状芽孢杆菌的增菌培养。将庖肉和肉汤装入大试管，使用前预先将装有培养基的试管沸水浴10～20分钟，使培养基中溶解的氧释放出来。接种后在液面加凡士林封闭，从而造成无氧环境。

2）厌氧罐法　装入待培养的对象，密闭罐盖后，用真空泵抽出罐中空气，充入高纯气体，连续反复3次后，最后充入70%氮气、20%氢气、10%一氧化碳（或20%一氧化碳、80%氢气）。同时，罐中需放置催化剂钯粒，催化罐中残余的氧和氢化合成水。

3）厌氧袋法　在密封袋或密封罐内放入待培养物、厌氧产气袋和厌氧指示剂，密封，放入恒温培养箱。配套提供的密封袋罐或密封袋容积固定、外观透明，可随时关注微生物生长情况，密封容器不打开则内环境不改变。

4）厌氧培养箱法　厌氧培养箱是一个密闭的大型金属箱，具备抽气、充气、厌氧环境和温度等调节功能。箱体前部为有机玻璃材质的透明面板，板上装有两副手套，可通过手套在箱内进行操作。箱侧为交换室，具有内外二门，用于放入或取出物品。适于厌氧细菌的大量培养研究。

（3）二氧化碳培养法　指将已接种标本的培养基放入 CO_2 环境中进行培养的方法。某些细菌，如脑膜炎球菌、弯曲菌等，需在一定浓度 CO_2 存在的条件下才能生长或生长良好。

1）烛缸法　将已接种的培养基，置于容量为2000mL的磨口标本缸或干燥器内。缸盖或缸口处均需涂以凡士林，然后点燃蜡烛直立置入缸中，密封缸盖，待火焰自行熄灭时，容器内含5%～10%的 CO_2，将其置于恒温培养箱。

2）化学法（碳酸氢钠—盐酸法）　每升容积的容器内，碳酸氢钠与盐酸按0.4g与3.5mL的比例，分别将两种药各置一器皿内（如平皿内），连同器皿置于标本缸或干燥器内，盖严后使容器倾斜，两种药品接触后即可产生二氧化碳。

3）厌氧袋法　在密封袋或密封罐内放入待培养物、二氧化碳产气袋或微需氧产气袋，密封，放入恒温培养箱。短时间内，使密封内环境达到嗜二氧化碳培养（氧气浓度15%左右，二氧化碳浓度6%左右）或微需氧培养（氧气浓度8%～9%，二氧化碳浓度7%～8%）条件。

4）二氧化碳培养箱法　二氧化碳培养箱是通过在培养箱箱体内模拟形成一个类似细胞/组织在生物体内的生长环境，培养箱要求稳定的温度、稳定的 CO_2 水平（5%）、恒定的酸碱度（pH为7.2～7.4）、较高的相对饱和湿度（95%），来对细胞/组织进行体外培养的一种装置。

【任务发布】

结合社会和行业需求，根据目标微生物性质，设计相应的分离筛选工作方案。以从土壤样品中分离筛选能够有效降解苯酚污染物的菌株为例。

【任务实施】

（一）实验材料

1. 土壤样品　从可能受到苯酚污染的地点采集，需保证样品的代表性并避免污染。

2. 培养基　以苯酚为唯一碳源的选择培养基、普通培养基、斜面固体培养基。

3. 试剂　苯酚等。

4. 实验器材 无菌试管、无菌培养皿、无菌铲子、吸管、接种环、培养箱、电子天平、pH 计、磁力搅拌器、高压蒸汽灭菌锅、离心机等。

（二）实验方法

1. 土壤样品准备

（1）采集 选择具有代表性的采样点，使用干净的铲子或样品采集器采集土壤样品，避免接触到有机物、农药等干扰物。

（2）混合 将多个采样点的样品混合均匀，以获得复合土壤样品。

（3）筛分 通过筛网去除较大颗粒和杂质，得到均匀的细粒土壤。

（4）保存 将土壤样品放入干净、密封的容器中，标明采样时间、地点等信息，并置于 4℃保存。

2. 制备选择培养基

（1）配制 以苯酚为唯一碳源，加入适量的水、氮源、无机盐等营养物质，调节 pH 至适宜范围。

（2）灭菌 将配制好的培养基进行高压蒸汽灭菌，确保无菌状态。

3. 土壤样品的稀释与接种

（1）稀释 将土壤样品进行适当稀释（如 10 倍或 100 倍），使菌落分散。

（2）接种 取稀释后的土壤样品，使用涂布法或滴液法接种在选择培养基上。

4. 培养与筛选

（1）培养 将接种后的培养基置于适宜温度的培养箱中培养（通常为 24～48 小时）。

（2）筛选 观察培养基上菌落的形成情况，通过菌落形态、颜色、生长速度等特征初步筛选出具有潜在降解能力的菌株。

5. 降解能力测定

（1）接种 将筛选出的菌株接种在含有苯酚的培养基中。

（2）培养 培养一定时间后，测定降解率或降解速度。

（3）分析 使用高效液相色谱法或氧化还原滴定法等方法分析降解产物，进一步验证菌株的降解能力。

6. 菌株保存 将筛选出的有效降解菌株接种在斜面固体培养基上，标明菌株编号、来源和保存时间等信息，并进行低温保存。

【任务考核】

微生物分离筛选的考核

考核点	考核内容	分值	记录
实验设计	实验材料明确，实验方法翔实可靠	15 分	
实验准备	样品采集方法正确，采样点选择合理，样品无污染，处理得当	5 分	
培养基制备	培养基制备准确，灭菌操作规范，无菌状态保持良好	15 分	
土壤样品稀释与接种	稀释倍数合理，接种方法正确，无菌操作规范	15 分	
培养与筛选	培养条件适宜，菌落观察细致，筛选方法科学，初步筛选结果准确	10 分	
降解能力测定	降解率或降解速度测定方法正确，数据分析准确，降解产物分析合理	10 分	
菌株保存	菌株保存方法正确，标记清晰，保存条件适宜	10 分	
实验报告	实验报告内容完整，条理清晰，结论准确，数据分析合理，表述规范	10 分	
合计		100 分	

目标检测

1. 如检测标准要求使用二氧化碳培养箱，能否用厌氧培养箱替代二氧化碳培养箱使用？
2. 什么条件下适宜使用酸性染色剂？

任务二　微生物的鉴定

【知识学习】

（一）形态结构和培养特性观察

1. 菌落特征　微生物细胞在固体培养基表面形成的细胞群体叫作菌落（colony）。不同微生物在某种培养基中生长繁殖，所形成的菌落特征有很大差异，而同一种的细菌在一定条件下，培养特征却有一定稳定性。

（1）细菌培养特征　在固体培养基上的菌落大小、形态、颜色、光泽度、透明度、质地、隆起形状、边缘特征及迁移性等。在液体培养中的表面生长情况（菌膜、环）浑浊度及沉淀等。半固体培养基穿刺接种观察运动、扩散情况。

（2）酵母菌的培养特征　大多数酵母菌没有丝状体，在固体培养基上形成的菌落和细菌的很相似，只是比细菌菌落大且厚。液体培养也和细菌相似，有均匀生长、沉淀或在液面形成菌膜。

（3）霉菌的培养特征　在固体培养表面形成絮状、绒毛状和蜘蛛网状菌落。有分支的丝状体，菌丝粗长，在条件适宜的培养基里，菌丝无限伸长沿培养基表面蔓延。霉菌的基内菌丝、气生菌丝和孢子丝都常带有不同颜色，因而菌落边缘和中心，正面和背面颜色常常不同，如青霉菌：孢子青绿色，气生菌丝无色，基内菌丝褐色。

2. 形态结构　形态结构观察主要通过染色，在显微镜下对其形状、大小、排列方式、细胞结构（包括细胞壁、细胞膜、细胞核、鞭毛、芽孢等）及染色特性进行观察，根据不同微生物在形态结构上的不同，达到区别、鉴定微生物的目的，是观察细菌最简单且行之有效的方法。

微生物与染色的结合受物理因素和化学因素的影响。物理因素如细胞及细胞物质对染料的毛细现象、渗透、吸附作用等。化学因素则是根据细胞物质和染料的不同性质而发生的各种化学反应。细菌的等电点较低，pH 为 $2\sim5$。在中性、碱性或弱酸性溶液中，菌体蛋白质电离后带负电荷，而碱性染料电离后带正电荷。因此，常使用碱性染料与细菌进行结合。

（1）细菌染色　常见的细菌染色方法包括简单染色、负染色、革兰染色、芽孢染色法、鞭毛染色、荚膜染色等（表4-1）。制备细菌染色片一般要经过涂片、固定、染色、水洗、干燥等步骤，然后用显微镜观察。

表4-1　细菌染色方法比较

染色方法	染色液	观察目的
简单染色	亚甲蓝、草酸铵结晶或石炭酸复红	细菌的形态及大小
革兰染色法	结晶紫和石炭酸复红	将细菌分成（记 G+）和（记 G−）

染色方法	染色液	观察目的
抗酸性染色法	浓石炭酸复红和亚甲蓝	将细菌分成抗酸性细菌和非抗酸性细菌
芽孢染色法	孔雀绿染色法或石炭酸复红染色法	芽孢
鞭毛染色法	银盐法或复红沉淀法	鞭毛
荚膜染色	墨汁负染色法配合单染色法（如亚甲蓝）	荚膜
负染色法	苯胺黑	细菌的形态及大小
荧光染色法	金胺、吖啶橙等荧光染料	细胞结构、细菌活力

（2）真菌染色 真菌检验有多种染色方法，以革兰染色为主。

1）革兰染色法 适用于酵母菌和类酵母菌的染色。酵母型细胞和菌丝、孢子被染为革兰阳性（深紫色）。

2）孢子染色法 利用孢子染色剂如印度墨、墨汁等，可以染色真菌产生的孢子，从而观察孢子的形态和颜色。

3）荧光染色法 利用荧光染色剂如 DAPI 等，可以染色真菌的细胞核或细胞质，从而在荧光显微镜下观察真菌的结构和形态

4）真菌培养液显色法 将真菌培养在特定培养基上，加入染色剂（如丙酮、甘油、苏木精等）后，可以观察到真菌的颜色和形态。

3. 培养特性 微生物培养特性的观察也是微生物检验鉴别中的一项重要内容。微生物的生长必须有适宜的生长环境，主要包括温度、pH 值、气体、营养等。不同种类的微生物对这些条件的适应性有所不同，可以对不同微生物加以区别鉴定。

（1）适宜生长温度 温度是影响微生物生长的最重要因素之一。对于特定的某一种微生物来说只能在一定温度范围内生长，在这个范围内，每种微生物都具有自己的生长温度三基点（最低、最适、最高生长温度）。根据生长温度三基点，可以将微生物划分为低温型微生物（0～20℃）、中温型微生物（20～45℃）和高温型微生物（45～80℃）。一般的微生物检验中，如细菌和真菌，通常使用 35～37℃ 的温度进行培养，而对于有特殊要求的微生物，则根据其最适培养温度进行培养。

（2）气体环境 微生物对氧的需要和耐受力在不同的类群中变化很大。根据微生物与氧的关系，可把微生物分为需氧菌、微需氧菌、兼性需氧菌和厌氧菌等类型。在培养不同类型的微生物时，要提供相应的气体条件以保证不同微生物的生长。

（3）酸碱度 各种微生物都有其生长的最低、最适和最高的 pH 三基点。低于最低或超过最高生长 pH 时，微生物生长受抑制或导致死亡。不同的微生物最适生长 pH 不同，大多数微生物对 pH 的适应范围在 4.5～9，一般真菌的最适生长 pH 范围为弱酸性 5.0～6.0，霉菌的生长 pH 范围为 7.0～7.2，细菌和放线菌的最适 pH 为中性或弱碱性（pH 为 7.2～7.6）。

（4）营养要求 主要考察碳源、氮源、无机盐、生长因子等要素的种类和浓度是否满足微生物的营养要求。

（二）生理生化试验

微生物生化反应是指用化学反应来测定微生物的代谢产物，借助微生物对营养物质分解能力的不同及其代谢产物的差异对细菌进行鉴定。生化反应常用来鉴别一些在形态和其他方面不易区别的微生物，也是微生物分类鉴定中的重要依据之一。

1. 生化试验的注意事项

（1）待检菌应是新鲜培养物。培养 18～24 小时。

（2）待检菌应是纯种培养物。

（3）遵守观察反应的时间。观察结果的时间，多为 24 或 48 小时。

（4）应做必要的对照试验。

（5）在生化鉴定中，为提高阳性检出率，至少挑取 2～3 个待检的疑似菌落分别进行试验。

2. 生化试验分类

（1）糖类代谢试验　通过检测细菌在利用碳源时的代谢途径及方式、利用碳源后所产生的特定的代谢产物等来鉴别细菌的生化试验，主要是试验各种糖类能否作为碳源被利用及其利用的途径和产物，如表 4-2 所示。

表 4-2　糖类代谢试验举例说明

项目	说明	内容
糖（醇、苷）类发酵试验	原理	不同细菌含有发酵不同糖类的酶，分解糖的能力各不相同，产生的代谢产物也随细菌种类而异。观察细菌能否分解各类单糖（葡萄糖等）、双糖（乳糖等）、多糖（淀粉等）和醇类（甘露醇）、糖苷（水杨苷等），是否产酸或产气
	方法	将纯培养的细菌接种至各种糖培养管中，置一定条件下孵育后取出，观察结果
	判断	若细菌能分解此种糖类产酸，则指示剂呈酸性变化，阳性为黄色，阴性对照为紫色；不分解此种糖类，则培养基无变化。产气可使液体培养基中倒置的小管内出现气泡，或在半固体培养基内出现气泡或裂隙
氧化（发酵）（O/F）试验	原理	观察细菌对葡萄糖分解过程中是利用分子氧（氧化型），还是无氧降解（发酵型），或不分解葡萄糖（产碱型）
	方法	从平板上或斜面培养基上挑取少量培养物，同时穿刺接种于 2 支 O/F 试验管，其中一支用滴加熔化的无菌凡士林（或液体石蜡），覆盖培养基液面 0.3～0.5cm 高度。经 37℃ 培养 48 小时后，观察结果
	判断	葡萄糖 O/F 反应结果（①发酵型，两管均分解葡萄糖产酸，变黄色；②氧化型，开放管分解葡萄糖产酸，变黄色；③产碱型，两管均不分解葡萄糖，呈紫色）
半乳糖苷酶试验（ONPG 试验）	原理	某些细菌具有半乳糖苷酶，可分解邻硝基半乳糖苷（ONPG），生成黄色的邻硝基酚。用于测定不发酵或迟缓发酵乳糖的细菌是否产生此酶，亦可用于迟发酵乳糖细菌的快速鉴定
	方法	取纯菌落用无菌盐水制成浓的菌悬液，加入 ONPG 溶液 0.25mL。置 35 度水浴，于 20 分钟和 3 小时分别观察结果
	判断	通常在 20～30 分钟内显色。出现黄色为阳性反应
三糖铁试验（TSI 试验）	原理	三糖铁琼脂用于观察细菌对糖的发酵能力，以及是否产生硫化氢（H_2S），可初步鉴定细菌的种属。如大肠埃希菌能发酵葡萄糖和乳糖产酸产气，使 TSI 的斜面和底层均呈黄色，并有气泡产生；伤寒沙门菌、痢疾志贺菌只能发酵葡萄糖，不发酵乳糖，使斜面呈红色（发酵葡萄糖产生的少量酸因接触空气而氧化），而底层呈黄色；有些细菌能分解培养基中含硫氨基酸（如半胱氨酸和胱氨酸），生成 H_2S，H_2S 遇铅或铁离子形成黑色的硫化铅或硫化铁沉淀物
	方法	挑取纯菌落接种于三糖铁琼脂上，35℃ 孵育 1～7 天
	判断	乳糖和蔗糖发酵产酸或产酸产气（变黄）；产生硫化氢（变黑）。葡萄糖被分解产酸可使斜面先变黄，但因量少，生成的少量酸，因接触空气而氧化，加之细菌利用培养基中含氮物质，生成碱性产物，故使斜面后来又变红，底部由于是在厌氧状态下，酸类不被氧化，所以仍保持黄色
甲基红试验	原理	某些细菌能分解葡萄糖产生丙酮酸，丙酮酸进一步代谢分解乳酸、甲酸、乙酸，使培养基的 pH 下降到 4.5 以下，加入甲基红指示剂即显红色（甲基红变红的 pH 范围为 4.4～6.0）；某些细菌虽能分解葡萄糖，但产酸量少，培养基的 pH 在 6.2 以上，加入甲基红指示剂呈黄色
	方法	挑取新的待试纯培养物少许，接种于通用培养基，培养于（36±1）℃ 或 30℃（以 30℃ 较好）3～5 天，从第二天起，每日取培养液 1mL，加甲基红指示剂 1～2 滴，立即观察结果
	判断	阳性呈鲜红色，弱阳性呈淡红色，阴性为黄色。迄至发现阳性或至第 5 天仍为阴性，即可判定结果

续表

项目	说明	内容
VP（Voges – Proskaurer）试验	原理	某些细菌能分解葡萄糖产生丙酮酸，并进一步将丙酮酸脱羧成乙酰甲基甲醇，后者在碱性环境中被空气中的氧氧化成为二乙酰，进而与培养基中的精氨酸等所含的胍基结合，形成红色的化合物，即VP试验阳性
	方法	将待检菌接种至葡萄糖蛋白胨水培养基中，35度孵育 1~2 天，加入等量的 VP 试剂（0.1% 硫酸铜溶液），混匀后 35 度孵育 30 分钟，观察结果
	判断	呈红色者为阳性
胆汁七叶苷水解试验	原理	在 10%~40% 胆汁存在下，测定细菌水解七叶苷的能力。七叶苷被细菌分解生成七叶素，七叶素与培养基中的枸橼酸铁的二价铁离子发生反应形成黑色化合物。主要用于鉴别 D 群链球菌与其他链球菌，以及肠杆菌科的某些种、某些厌氧菌（如脆弱拟杆菌等）的初步鉴别。D 群链球菌本试验为阳性
	方法	将被检菌接种于胆汁七叶苷培养基中，35℃孵育 18~24 小时后，观察结果
	判断	培养基完全变黑为阳性，不变黑为阴性

（2）氨基酸和蛋白质代谢试验 不同细菌分解蛋白质能力不同，可利用不同氮源来合成菌体蛋白质，可通过检测加入氨基酸或蛋白质分解代谢后的产物或 pH 变化鉴定细菌，如表 4-3 所示。

表 4-3 氨基酸和蛋白质代谢试验举例说明

项目	说明	内容
吲哚试验	原理	有些细菌具有色氨酸酶，能分解培养基中的色氨酸，生成吲哚，吲哚与对二甲氨基苯甲醛作用，形成玫瑰吲哚而呈红色
	方法	将待检菌接种至蛋白胨水培养基中，35℃孵育 1~2 天，沿管壁徐徐加入柯氏（Kovac）试剂 0.5mL，即刻观察结果
	判断	两液面交界处呈红色者为阳性，无红色者为阴性
脲酶试验	原理	某些细菌能产生脲酶，分解尿素形成氨，使培养基变碱，酚红指示剂随之变红色。尿素酶不是诱导酶，因为不论底物尿素是否存在，细菌均能合成此酶。其活性最适 pH 为 7.0
	方法	挑取 18~24 小时待试菌培养物大量接种于液体培养基管中，摇匀，于（36±1）℃培养 10、60、120 分钟，分别观察结果。或涂布并穿刺接种于琼脂斜面，不要到达底部，留底部作变色对照。培养 2、4、24 小时分别观察结果，如阴性应继续培养至 4 天，做最终判定
	判断	呈红色者为脲酶试验阳性
氨基酸脱羧酶试验	原理	有些细菌能产生某种氨基酸脱羧酶，使该种氨基酸去羧基，生成胺，从而使培养基变碱性，指示剂变色
	方法	挑取纯菌落接种于含某种氨基酸（赖氨酸、鸟氨酸或精氨酸）的培养基及不含氨基酸的对照培养基中，加无菌液状石蜡覆盖，35℃孵育 4 天，每日观察结果
	判断	若仅发酵葡萄糖显黄色为阴性，由黄色变为紫色为阳性。对照管（无氨基酸）为黄色
苯丙氨酸脱氨酶试验	原理	有些细菌能产生苯丙氨酸脱氨酶，使苯丙氨酸脱去氨基生成苯丙酮酸，与三氯化铁作用形成绿色化合物
	方法	将待检菌接种于苯丙氨酸琼脂斜面，35℃孵育 18~24 小时，在生长的菌苔上滴加三氯化铁试剂，立即观察结果
	判断	斜面呈绿色者为阳性
靛基质（Imdole）试验	原理	某些细菌能分解蛋白胨中的色氨酸，生成吲哚。吲哚的存在可用显色反应表现出来。吲哚与对二甲基氨基苯甲醛结合，形成玫瑰吲哚，为红色化合物
	方法	纯培养物接种蛋白胨水培养基 35℃培养 24~48 小时，沿管壁徐徐加入 Kovac 氏试剂或欧氏试剂 0.5mL，分为两层，观察
	判断	在接触面呈红色，即为阳性，无色为阴性

（3）有机酸盐和铵盐代谢试验 也称为碳源氮源利用试验，是细菌对单一来源的碳源和氮源利用的鉴定试验。在无碳或无氮的基础培养基中分别添加特定的不同碳化物或氮化物，观察细菌的生长状

况，从而判断细菌能否利用此种碳源和氮源，并根据利用的能力和代谢产物的差异，对微生物的种类进行区分。常用的碳源氮源利用试验如表4-4所示。

表4-4 有机酸盐和铵盐代谢试验举例说明

项目	说明	内容
马尿酸钠试验	原理	具有马尿酸水解酶的细菌，可使马尿酸钠水解，产生苯甲酸和甘氨酸，苯甲酸与三氯化铁试剂结合，形成苯甲酸铁沉淀，甘氨酸与茚三酮出现蓝色。主要用于B群链球菌和嗜肺军团菌的鉴定
	方法	将细菌接种于上述培养基中，置35℃培养48小时后，离心沉淀，取上清液0.8mL，加入三氯化铁试剂0.2mL，立即混匀，经10~15分钟观察结果。快速水解方法，制备4麦氏浓度待检菌悬液1mL与等量的1%马尿酸钠溶液混合，置35℃孵育2小时，加入1mL茚三酮试剂（3.5g茚三酮溶于100mL 1：1的丙酮/丁醇液中，避光贮存于2~8℃冰箱），振摇
	判断	出现恒定的沉淀物为结果阳性，若有沉淀物出现，轻摇后就消失为阴性。快速水解试验出现明显深蓝色为阳性反应，无色或浅蓝色为阴性
柠檬酸盐利用试验	原理	在柠檬酸盐培养基中，细菌能利用的碳源只有柠檬酸盐。当某种细菌能利用柠檬酸盐时，可将其分解为碳酸钠，使培养基变碱性，pH指示剂溴麝香草酚蓝由淡绿色变为深蓝色
	方法	将待检菌接种于柠檬酸盐培养基斜面，35℃孵育1~7天，观察斜面的颜色变化
	判断	培养基由淡绿色变为深蓝色者为阳性
丙二酸盐利用试验	原理	在丙二酸盐培养基中，细菌能利用的碳源只有丙二酸盐。当某种细菌能利用丙二酸盐时，可将其分解为碳酸钠，使培养基变碱性，使指示剂由绿色变为蓝色
	方法	将待检菌接种在丙二酸盐培养基上，35℃孵育1~2天。观察培养基的颜色变化
	判断	培养基由绿色变为蓝色者为阳性

（4）酶类试验 酶是生物体内细胞合成的生物催化剂。常用的酶类试验有氧化酶试验、凝固酶试验、硝酸盐还原试验、卵磷脂酶试验（Nagler试验）、磷酸酶试验等，如表4-5所示。

表4-5 酶类试验举例说明

项目	说明	内容
触酶试验	原理	具有触酶（过氧化氢酶）的细菌，能催化过氧化氢，放出新生态氧，继而形成分子氧，出现气泡
	方法	取3%过氧化氢溶液0.5mL滴于不含血液的细菌琼脂培养物上，或取1~3mL加入盐水菌悬液中
	判断	培养物出现气泡者为阳性
氧化酶试验	原理	氧化酶（细胞色素氧化酶）是细菌色素呼吸酶系统的酶。具有氧化酶的细菌，首先使细胞色素C氧化，再由氧化型细胞色素C使对苯二胺氧化，生成有色的醌类化合物
	方法	取洁净的滤纸一小块，涂抹菌苔少许，加1滴10g/L对苯二胺溶液于菌落上，观察颜色变化
	判断	立即呈粉红色并迅速转为紫红色者为阳性
凝固酶试验	原理	金黄色葡萄球菌可产生两种凝固酶。一种是结合凝固酶，结合在细胞壁上，使血浆中的纤维蛋白原变成纤维蛋白而附着于细胞表面，发生凝集，可用玻片法测出。另一种是菌体生成后释放于培养基中的游离凝固酶，能使凝血酶原变成凝血酶类物质，从而使血浆凝固，可用试管法测出
	方法	玻片法：取兔或混合人血浆和盐水各1滴分别置清洁载玻片上，挑取待检菌落分别与血浆及盐水混合 试管法：取试管2支，分别加入0.5mL的血浆（经生理盐水1：4稀释），挑取菌落数个加入测定管充分研磨混匀，用已知阳性菌株加入对照管，37℃水浴3~4小时
	判断	玻片法：如血浆中有明显的颗粒出现而盐水中无自凝现象者为阳性。 试管法血浆凝固者为阳性
DNA酶试验	原理	某些细菌可产生细胞外DNA酶。DNA酶可水解DNA长链，形成数个单核苷组成的寡核苷酸链。长链DNA可被酸沉淀，而水解后形成的寡核苷酸链则可溶于酸，当在菌落平板上加入酸后，若在菌落周围出现透明环，表示该菌具有DNA酶。肠杆菌科中的沙雷菌和变形杆菌可产生DNA酶，革兰阳性球菌中，只有金黄色葡萄球菌产生DNA酶
	方法	将待检菌点状接种于DNA琼脂平板上，35℃培养18~24小时。在细菌生长物上加一层1mol/L盐酸（使菌落浸没）
	判断	菌落周围出现透明环为阳性，无透明环为阴性

续表

项目	说明	内容
硝酸盐（Nitrate）还原试验	原理	有些细菌具有还原硝酸盐的能力，可将硝酸盐还原为亚硝酸盐、氨或氮气等。亚硝酸盐的存在可用硝酸试剂检验
	方法	临试前将试剂的 A（磺胺酸冰醋酸溶液）和 B（α-萘胺乙醇溶液）试液各 0.2mL 等量混合，取混合试剂约 0.1mL，加于液体培养物或琼脂斜面培养物表面
	判断	立即或于 10 分钟内呈现红色即为试验阳性，若无红色出现则为阴性。用 α-萘胺进行试验时，阳性红色消退得很快，故加入后应立即判定结果。进行试验时必须有未接种的培养基管作为阴性对照
脂酶试验	原理	某些细菌产生卵磷脂酶，即 α-毒素，在有钙离子存在时，能迅速分解卵磷脂，生成浑浊沉淀状的甘油酯和水溶性的磷酰胆碱
	方法	将待检菌划线接种于卵黄琼脂平皿上，于 35℃ 培养 3～6 小时
	判断	产生卵磷脂酶的细菌，培养 3 小时后，在菌落周围形成乳白色混浊环，6 小时后扩散至 5～6mm

（三）血清学试验

血清学反应是指相应的抗原与抗体在体外一定条件下作用，可出现肉眼可见的沉淀、凝集现象。微生物表面具有可以被免疫系统识别的物理特征。任何能引起免疫反应的特征称为抗原。采用含有已知特异性抗体的免疫血清（诊断血清）与分离培养出的未知纯种细菌或标本中的抗原进行血清学反应，可以确定病原菌的种或型。因此，在食品微生物检验中，常用血清学反应来鉴定分离到的细菌，以最终确认检测结果，特别是含较多血清型的细菌。该方法具有高效省时、特异性强、灵敏度高、适合大量样品检测等优点，但是检测过程中会经常出现假阳性反应，降低检测的灵敏度。

1. 血清学反应的一般特点

（1）抗原体的结合具有特异性，当有共同抗原体存在时，会出现交叉反应。

（2）抗原体的结合是分子表面的结合，这种结合虽相当稳定，但是可逆的。

（3）抗原体的结合是按一定比例进行的，只有比例适当时，才能出现可见反应。

（4）血清学反应大体分为两个阶段进行：第一阶段为抗原体特异性结合阶段，反应速度很快，只需几秒至几分钟反应即可完毕，但不出现肉眼可见现象。第二阶段为抗原体反应的可见阶段，表现为凝集、沉淀、补体结合反应等。反应速度慢，需几分、几十分以至更长时间。而且，在第二阶段反应中，电解质、PH、温度等环境因素的变化，都直接影响血清学反应的结果。两个阶段间无严格界限。

2. 血清学反应的类别

（1）凝集反应　颗粒性抗原（细菌、红细胞等）与相应抗体结合，在电解质参与下所形成的肉眼可见的凝集现象，称为凝集反应。其中的抗原称为凝集原，抗体称为凝集素。在该反应中，因为单位体积抗体量大，做定量实验时，应稀释抗体。

1）直接凝集反应　颗粒性抗原与相应抗体直接结合所出现的反应，称为直接凝集反应。

①玻片凝集法　是一种常规的定性试验方法。原理是用已知抗体来检测未知抗原。常用于鉴定菌种、血型。如将含有痢疾杆菌抗体的血清与待检菌液各一滴，在玻片上混匀，数分钟后若出现肉眼可见的凝集块，即阳性反应，证明该菌是痢疾杆菌。此法快速、简便，但不能进行定量测定。

②试管凝集法　是一种定量试验方法。多用已知抗原来检测血清中有无相应抗体及其含量。常用于协助诊断某些传染病及进行流行病学调查。如肥达氏反应就是诊断伤寒、副伤寒的试管凝集试验。因为要测定抗体的含量，故将待检查的血清用等渗盐水倍比稀释成不同浓度，然后加入等量抗原，37℃ 或 56℃，2～4 小时观察，血清最高稀释度仍有明显凝集现象的，为该抗血清的凝集效价。

2）间接凝集反应　将可溶性抗原（抗体）先吸附在一种与免疫无关的，颗粒状微球表面，然后与相应抗体（抗原）作用，在有电解质存在的条件下，即可发生凝集，称为间接凝集反应。由于载体增大了可溶性抗原的反应面积。当载体上有少量抗原与抗体结合。就出现肉眼可见的反应，敏感性很高。

（2）沉淀反应 可溶性抗原与相应抗体结合，在有适量电解质存在下，经过一定时间，形成肉眼可见的沉淀物，称为沉淀反应。反应中的抗原称为沉淀原，抗体为沉淀素。由于在单位体积内抗原量大，为了不使抗原过剩，故应稀释抗原，并以抗原的稀释度作为沉淀反应的效价。

1）环状沉淀反应 是一种定性试验方法，可用已知抗体检测未知抗原。将已知抗体注入特制小试管中，然后沿管壁徐徐加入等量抗原，如抗原与抗体对应，则在两液界面出现白色的沉淀圆环。

2）絮状沉淀反应 将已知抗原与抗体在试管或凹玻片内混匀，如抗原抗体对应，而又二者比例适当时，会出现肉眼可见的絮状沉淀，此为阳性反应。

3）琼脂扩散试验 利用可溶性抗原抗体在半固体琼脂内扩散，若抗原抗体对应，且二者比例合适，在其扩散的某一部分就会出现白色的沉淀线。每对抗原抗体可形成一条沉淀线。有几对抗原抗体，就可分别形成几条沉淀线。琼脂扩散可分为单向扩散和双向扩散两种类型。单向扩散是一种定量试验。可用于免疫蛋白含量的测定。而双向扩散多用于定性试验。由于方法简便易行，常用于测定分析和鉴定复杂的抗原成分。

（3）补体结合反应 是在补体参与下，以绵羊红细胞和溶血素作为指示系统的抗原抗体反应。补体无特异性，能与任何一组抗原抗体复合物结合而引起反应。如果补体与绵羊红细胞、溶血素的复合物结合，就会出现溶血现象，如果与细菌及相应抗体复合物结合，就会出现溶菌现象。因此，整个试验需要有补体、待检系统（已知抗体或抗原、未知抗原或抗体）及指示系统（绵羊细胞和溶血素）五种成分参加。其实验原理是补体不单独和抗原或抗体结合。如果出现溶菌，是补体与待检系统结合的结果，说明抗原抗体是相对应的，如果出现溶血，说明抗原抗体不相对应。此反应操作复杂，敏感性高，特异性强，能测出少量抗原和抗体，所以应用范围较广。

（四）分子生物学鉴定

细菌 16S rRNA 基因序列和真菌的 ITS 核酸序列在结构和功能上具有高度保守性，是微生物核酸测序鉴定和分类中广泛应用的 DNA 特征性核酸序列，方法易标准化，鉴定结果可以满足一般菌种鉴定的要求。通常不受生长培养基或分离物活性的影响，只需分离到纯菌落便可用于分析。适用于人工培养基不能生长、生长缓慢及营养要求高不易培养的微生物，检测方法包括核酸扩增技术、核酸杂交、生物芯片及基因测序等。常见的核酸扩增技术有聚合酶链反应、连接酶链反应等，主要用于耐甲氧西林、结核分枝杆菌等病原菌的检测。核酸杂交有斑点杂交、原位杂交等，用于致病性大肠埃希菌、沙门菌、空肠弯曲菌等致病菌的检测。生物芯片包括基因芯片和蛋白质芯片，主要是对基因、蛋白质、细胞及其他生物进行大信息量分析的检测技术。

【任务发布】

按照 GB 4789.35 中乳酸菌的鉴定方法，对未知乳酸菌进行菌种鉴定。

【任务实施】

（一）物品准备

1. 设备和材料 除微生物实验室常规灭菌及培养设备外，其他设备和材料如下。

（1）恒温培养箱 （36 ±1）℃。

（2）厌氧培养装置　厌氧培养箱、厌氧罐、厌氧袋或能提供同等厌氧效果的装置。

（3）冰箱　2~8℃。

（4）均质器及无菌均质袋、均质杯或灭菌乳钵。

（5）涡旋混匀仪。

（6）电子天平　感量0.001g。

（7）实时定量PCR仪。

（8）恒温水浴锅或金属浴。

（9）离心机　离心力>10000×g。

（10）无菌吸管　1mL（具0.01mL刻度）、10mL（具0.1mL刻度）。

（11）微量移液器和灭菌吸头　2、10、100、200、1000μL。

（12）无菌锥形瓶　500、250mL。

（13）无菌平皿　直径90mm。

（14）PCR管。

2. 培养基和试剂

（1）MRS（man rogosa sharpe）琼脂培养基。

（2）MC（modified chalmers）琼脂培养基。

（3）0.5%蔗糖发酵管。

（4）0.5%纤维二糖发酵管。

（5）0.5%麦芽糖发酵管。

（6）0.5%甘露醇发酵管。

（7）0.5%水杨苷发酵管。

（8）0.5%山梨醇发酵管。

（9）0.5%乳糖发酵管。

（10）七叶苷发酵管。

（11）革兰染色液。

（12）生理盐水。

（13）DNA提取液。

（14）10×PCR缓冲液。

（15）莫匹罗星锂盐：化学纯。

（16）半胱氨酸盐酸盐：纯度>99%。

（17）dNTPs.

（18）TaqDNA聚合酶：5U/μL。

（19）七种乳酸菌引物探针。

（20）灭菌去离子水。

（二）生化鉴定

1. 纯培养　挑取3个或以上单菌落接种于不同平板。嗜热链球菌接种于MC琼脂平板，置（36±1）℃有氧培养48小时；乳杆菌属接种于MRS琼脂平板，置（36±1）℃厌氧培养48小时；双歧杆菌属接种于双歧杆菌琼脂平板或MRS琼脂平板，（36±1）℃厌氧培养（48±2）小时，可延长至（72±2）小时。

2. 涂片镜检　嗜热链球菌菌体镜下呈球形或球杆状，直径为0.5~2.0μm，成对或成链排列，无芽孢，革兰染色阳性。乳杆菌属镜下菌体形态多样，呈长杆状、弯曲杆状或短杆状，无芽孢，革兰染色阳性。双歧杆菌为革兰染色阳性，呈短杆状、纤细杆状或球形，可形成各种分支或分叉等多形态，不抗酸，无芽孢，无动力。

3. 生化鉴定　在无菌操作条件下，选取纯培养平板上的单个菌落，分别使用生化鉴定试剂盒进行生化反应检测。

（1）准备　从包装盒中取出一条生化鉴定条，打开盖子，用打孔器（75% 乙醇擦拭后使用）开孔或直接撕掉膜。如果染菌或变色，则不能使用。

（2）接种　取一内盛 2mL 无菌生理盐水试管，用接种环从纯化培养的平板上挑取单个菌落于无菌生理盐水中，仔细研磨制成均一细菌悬液，每孔加入 50~100μL 菌悬液。

（3）孵育盖上盖子，放入底托中，置于（36±1）℃孵育 24~48 小时。

（4）观察放在记录卡上观察，确定各检测孔的结果为阴性或阳性。不同乳酸菌菌种的主要生化反应见表 4-6 和表 4-7。

表 4-6　常见乳杆菌属菌种的主要生化反应

菌种	七叶苷	纤维二糖	麦芽糖	甘露醇	水杨苷	山梨醇	蔗糖	棉籽糖
干酪乳杆菌（L. casei） 鼠李糖乳杆菌（L. rhamnosus）	+	+	+	+	+	+	+	-
德氏乳杆菌保加利亚种（L. delbrueckiisub sp. bulgaricus）	-	-	-	-	-	-	-	-
嗜酸乳杆菌（L. acidophilus）	+	+	+		+		+	d
罗伊氏乳杆菌（L. reuteri）	ND		+				+	+
植物乳杆菌（L. plantarum）	+	+	+	+	+	+	+	+

注：+ 表示 90% 以上菌株阳性；- 表示 90% 以上菌株阴性；d 表示 11%~89% 菌株阳性；ND 表示未测定。

表 4-7　嗜热链球菌的主要生化反应

菌种	菊糖	乳糖	甘露醇	水杨苷	山梨醇	马尿酸	七叶苷
嗜热链球菌（S. thermophilus）	-	+	-	-	-	-	-

注：+ 表示 90% 以上菌株阳性；- 表示 90% 以上菌株阴性。

（三）实时荧光 PCR 法鉴定

1. 纯培养　同（二）生化鉴定 1. 纯培养。

2. DNA 模板制备　用接种环刮取 MC 琼脂平板或 MRS 琼脂平板上的菌落 2~10 个，悬浮于 200μL 灭菌生理盐水中，充分混匀，10000×g~12000×g 离心 3 分钟，弃去上清。加入 50μL DNA 提取液涡旋混匀，置于 100℃水浴或者金属浴中 10 分钟后迅速冷却，10000×g~12000×g 离心 3 分钟。吸取上清液至新的 PCR 反应管内，作为 DNA 模板使用。提取后的 DNA 模板应置于 4℃供当天使用，否则应于 -20℃以下保存，并于 1 周内使用。根据实验室实际情况，也可用商品化试剂盒制备 DNA 模板。

3. PCR 反应体系　总反应体系体积为 25μL：10×PCR 缓冲液 2.5μL、上下游引物（10μmol/L）各 1μL、探针（10μmol/L）0.5μL、dNTPs（2.5μmol/L）3μL、TaqDNA 聚合酶（5U/μL）0.5μL、模板 DNA 1μL、灭菌去离子水补足至 25μL。每个反应均应设置至少 2 个平行。反应体系中各试剂的量可根据具体情况或不同的反应总体积进行适当调整。亦可选用含有 PCR 缓冲液、MgCl2、dNTP 和 Taq 酶等成分基于 Taqman 探针的实时荧光 PCR 预混液。

4. PCR 反应条件　50℃ 5 分钟，95℃预变性 3 分钟，94℃变性 5 秒、60℃退火延伸 40 秒（同时收集 FAM 荧光），进行 40 个循环。注：PCR 反应参数可根据基因扩增仪型号实时荧光 PCR 反应体系进行适当调整。鉴定用引物和探针序列见表4-8。

表4-8　常见乳酸菌实时荧光PCR检测引物和探针序列

菌种	引物序列	探针序列
干酪乳杆菌（L. casei）	5I - GCCGGGATCTTCAACTCAAC - 3I 5I - GGACGGCGCAGAAATCTATC - 3I	5I - FAM - TCGCCCAATGCAGCCT - GCGC - TAMRA - 3I
德氏乳杆菌保加利亚亚种 （L. delbrueckiisub sp. bulgaricus）	5I - ACTTTAGCCCATACCTGCGT - 3I 5I - GTAAATTCCAAGCCGCCCTT - 3I	5I - FAM - CCGGTTGCCCGTTTC - CTGCGG - TAMRA - 3I
嗜酸乳杆菌（L. acidophilus）	5I - GAGCTGAACCAACAGATTCAC - 3I 5I - GCAGGTTCCCCACGTGTTAC - 3I	5I - FAM - CCCATCCGC - CGCTAGCGTT - TAMRA - 3I
罗伊氏乳杆菌（L. reuteri）	5I - CTTTCGCAGCCTGATAGTGG - 3I 5I - TCCGAAGAGCCTGAGACATC - 3I	5I - FAM - CGGTTGCAGCATTAGT - TCCTCGTGC - TAMRA - 3I
鼠李糖乳杆菌（L. rhamnosus）	5I - GGTTGATTCAGTGGCAGCTC - 3I 5I - GTGTGCATCACCCATGTCC - 3I	5I - FAM - TCAATTTCTGCGCGCG - GTACCA - TAMRA - 3I
植物乳杆菌（L. plantarum）	5I - AGCTTGAAAGATGGCTTCGG - 3I 5I - GGTCGGCTACGTATCATTGC - 3I	5I - FAM - ACGCCGCGGGACCATC - CAAA - TAMRA - 3I
嗜热链球菌（S. thermophilus）	5I - GCCTGATTCTGGTGAGCAAG - 3I 5I - CCGCAACTGAGTCAACAACA - 3I	5I - FAM - TCCACTGCACCAGAGT - CAATCAGCT - TAMRA - 3I

5. 对照设置　检测过程（包括DNA提取）中，每个反应均应设置阳性对照、阴性对照和空白对照。其中阳性对照模板为扩增片段的阳性克隆分子DNA或阳性菌株DNA，阴性对照模板为非乳酸菌菌株DNA，空白对照模板为无菌水。

6. 结果判读

（1）对照的结果判读　阳性对照出现典型扩增曲线，$Ct \leqslant 30$；阴性对照无典型扩增曲线或$Ct \geqslant 40$；空白对照无典型扩增曲线或$Ct \geqslant 40$。否则，结果视为无效。

（2）样品的结果判读　当样品检测$Ct \geqslant 40$时，判定样品结果为某种乳酸菌阴性；当检测$Ct \leqslant 35$，可判定该样品结果为某种乳酸菌阳性；当检测$35 < Ct < 40$时，重复试验，若重复试验结果检测$Ct \geqslant 40$，则判定为某种乳酸菌阴性，否则，判定为某种乳酸菌阳性。

【任务考核】

菌种鉴定的考核

考核点		考核内容	分值	记录
检测前准备	设备检查	确保所有实验设备（如显微镜、离心机、培养箱、PCR仪等）处于良好工作状态	5分	
	材料准备	准备无菌操作所需的材料（如接种环、试管、培养皿等），并确保其无菌状态	5分	
	培养基和试剂准备	按照GB 4789.35标准准备所需的培养基（如MRS培养基等）和试剂（如生化鉴定试剂、PCR试剂等）	15分	
生化鉴定	接种与培养	正确接种未知乳酸菌至适当的培养基上，并在适宜的温度下进行培养	15分	
	观察与记录	观察培养物的生长情况、形态特征和生化反应，并准确记录结果	15分	
	鉴定结果分析	根据观察到的生化反应结果，结合乳酸菌的生化特性，进行初步鉴定	15分	

续表

考核点		考核内容	分值	记录
实时荧光 PCR 鉴定	样本处理	从培养物中提取 DNA，并进行适当的纯化处理	10 分	
	PCR 反应设置	按照 GB 4789.35 标准或相关文献设置 PCR 反应体系，包括引物、模板 DNA、酶等	10 分	
	PCR 扩增与结果分析	进行 PCR 扩增，并观察荧光信号的变化，根据扩增曲线和熔解曲线进行结果分析	10 分	
合计			100 分	

目标检测

答案解析

1. IMViC 试验的意义是什么？

2. 全自动菌种鉴定系统应放置在无菌室么？

项目五　食品安全细菌学检测

PPT

导言

菌落总数和大肠菌群的测定在食品微生物检验中具有重要意义。菌落总数的测定是评价食品卫生状况的"温度计"，直观反映食品生产环境的清洁度、加工工艺的规范性及保质期内的腐败风险。大肠菌群的测定则是评估粪便污染与潜在致病风险的"风向标"，其超标结果直接提示食品可能受粪便污染，并且可能存在致病菌风险。了解各国标准和方法等背景知识，对于正确进行食品安全细菌学检测、保障食品卫生质量和安全性具有重要意义。

学习目标

【知识要求】

1. 掌握菌落总数、大肠菌群的定义、检测原理及其卫生学意义。

2. 熟悉国家标准中菌落总数与大肠菌群的检测方法。

3. 了解菌落总数和大肠菌群测定中各种培养基的配方、配制方法及其适用范围。

【技能要求】

4. 能够独立完成菌落总数测定和大肠菌群检测（MPN 法或 VRBA 平板法）；能够准确计算检测结果，结合食品标准判定样品合格性；能通过空白对照、平行试验、培养基验证等手段确保检测结果可靠性；能识别实验异常现象，分析检测过程中常见误差来源，并采取质量控制措施。

【素质要求】

5. 通过标准化操作训练，强化数据真实性意识，杜绝篡改、虚报检测结果的行为；在分组实验中培养分工协作精神，提升沟通技巧；通过对比传统方法与快速检测技术的优缺点，鼓励优化实验流程或探索低成本、高效率的检测方案。

任务一　食品中菌落总数的测定

【知识学习】

（一）菌落总数的定义

菌落总数（aerobic plate count），又称需氧菌总数、嗜氧菌总数，是指在被检样品的单位质量（g）、容积（mL）或表面积（cm^2）内，所含能在严格规定的条件下（需氧情况培养基及其 pH、培养温度与时间、计数方法等）培养所生成的微生物菌落的数量，以菌落形成单位（colony forming unit，CFU）表示。GB 4789.2—2022 定义为：食品检样经过处理，在一定条件下（如培养基、培养温度和培养时间等）培养后，所得每克（毫升）检样中形成的微生物菌落总数。菌落总数的测定是食品微生物学检测技术中应用最广泛的一种卫生学检测技术，反映了在一定条件下，样品中嗜温细菌和真菌的菌落总计数。在以上规定的条件下，厌氧或微需氧菌、有特殊营养要求的以及非嗜中温的细菌，不能满足其生理需求，难以繁殖生长。因此，菌落总数不能表示样品中实际存在的所有细菌的数量，也不能区分细菌的种类，也被称为杂菌数。

细菌总数又称细菌直接显微镜数，指一定数量或面积的食品样品，经过适当的处理后，在显微镜下对细菌进行直接计数，包括各种活菌数和尚未消失的死菌数，通常以1g或1mL或1cm²样品中的细菌总数来表示。测定方法主要为显微镜直接计数法，由于该方法操作繁琐，且不能反映细菌的存活情况，因此不常被采用。

（二）菌落总数的卫生学意义

作为食品安全卫生指标，菌落总数在食品产品质量控制中起到非常重要的作用。

1. 菌落总数反映了食品中微生物污染的程度   即清洁状态的标志，菌落总数过高可能与储存条件差或生产过程中的不当操作有关，可能导致食物中毒，引起腹泻、呕吐等消化系统不适症状。

2. 食品中细菌数量可预测食品保质期或存放时间   细菌数量越少，食品保质期越长；反之，食品保质期就越短。

3. 食品中细菌数量可估测食品腐败状况   食品中细菌数量越多，腐败过程越快。菌落总数严重超标，不仅会破坏食品的营养成分，使其失去食用价值，还可能引起食用者的不良反应。

在食品加工行业，菌落总数超标说明生产经营企业可能未按要求严格控制生产加工过程的卫生条件，或者包装容器清洗消毒不到位；还有可能与产品包装密封不严、储运条件控制不当等有关。因此，菌落总数是评价食品卫生质量的重要指标之一，也是必检的一项监测项目，被国内外广泛应用于食品卫生工作中，将菌落总数作为评估食品卫生质量和安全性的重要手段，以确保食品符合国家或地区相关法规的要求。

（三）菌落总数的测定方法

在制定菌落总数标准时，通常会考虑食品类型、处理方法以及消费人群等因素。因此，菌落总数标准在检测方法、培养基、培养条件等方面存在一定的差异。

1. 平皿法   包括倾注平皿法和涂布平皿法，一般使用倾注平皿法。将食品检样做成10倍递增稀释液，然后从适宜稀释度的稀释液中分别取出一定量置于平皿内，与培养基相混合。经培养后，按一定要求计数平板上所生成的菌落形成单位，并根据检样的稀释倍数，计算出每克（毫升）样品中所含菌落的总数。该方法可操作性强，适用于污染度高的被检样品（表5-1）。

表5-1   不同菌落总数标准的比较

标准代号	样品稀释液	培养基	培养条件
GB 4789.2	无菌磷酸盐缓冲液/生理盐水	平板计数琼脂	(36±1)℃［水产品(30±1)℃］培养(48±2)小时［水产品(72±3)小时］
ISO 4833	无菌磷酸盐缓冲液/生理盐水	平板计数琼脂	(30±1)℃培养(72±3)小时
FDA BAMChapter 3：Aerobic Plate Count	磷酸盐缓冲液/无菌水	平板计数琼脂	35℃［牛奶(32±1)℃］培养(48±2)小时

2. 薄膜过滤法   适用于那些难以通过传统平皿法进行计数的样品。该方法通过使用微孔滤膜过滤样品，微生物被截留在滤膜上，然后将滤膜转移到固体培养基上。在适宜的条件下培养后，每个微生物细胞或聚集体将生长成一个可见的菌落。适用于测试量需求大且污染度一般的液体样品。

3. 螺旋板法   使用螺旋接种仪将样品接种在平板上。样品接种后，菌落即分布在螺旋轨迹上，随半径的增加分布得越来越稀。采用特殊的计数栅格,自平板外周向中央对平板上的菌落进行计数,即可得到样品中微生物的数量。该方法无需稀释,自动化接种,效率高,适用于样品量比较大的检测。

4. 酶底物法 利用微生物菌落中的酶活性与底物反应产生颜色或显色物质,从而间接评估微生物菌落的数量。常用的酶包括碱性磷酸酶、酸性磷酸酶、β – D – 半乳糖苷酶等,是一种常用的测定水质中微生物菌落总数的方法。

【任务发布】

根据 GB 4789.2—2022,进行菌落总数的测定。

【任务实施】

(一) 器材、培养基和试剂准备

1. 设备和材料 除微生物实验室常规灭菌及培养设备外,其他设备和材料如下。

(1) 恒温培养箱 (36 ± 1)℃,(30 ± 1)℃。

(2) 冰箱 2~5℃。

(3) 恒温装置 (48 ± 2)℃。

(4) 天平 感量为 0.1g。

(5) 均质器。

(6) 振荡器。

(7) 无菌吸管 1mL (具 0.01mL 刻度)、10mL (具 0.1mL 刻度) 或微量移液器及吸头。

(8) 无菌锥形瓶 容量 250、500mL。

(9) 无菌培养皿 直径 90mm。

(10) pH 计或 pH 比色管或精密 pH 试纸。

(11) 放大镜和 (或) 菌落计数器。

2. 培养基和试剂

(1) 平板计数琼脂培养基 应符合 GB 4789.2—2022。

(2) 菌落总数测试片 应符合 GB 4789.28 中平板计数琼脂培养基质量控制要求,且主要营养成分与平板计数琼脂培养基配方一致。

(3) 无菌磷酸盐缓冲液 应符合 GB 4789.2—2022。

(4) 无菌生理盐水 应符合 GB 4789.2—2022。

(二) 检验操作步骤

1. 样品的稀释

(1) 固体和半固体样品 称取 25g 样品置于盛有 225mL 无菌磷酸盐缓冲液或无菌生理盐水即稀释液的无菌均质杯内,8000~10000r/min 均质 1~2 分钟;或放入盛有 225mL 稀释液的无菌均质袋中,用拍击式均质器拍打 1~2 分钟,制成 1:10 的样品匀液。

(2) 液体样品 以无菌吸管吸取 25mL 样品置于盛有 225mL 无菌磷酸盐缓冲液或无菌生理盐水的无菌锥形瓶 (瓶内可预置适当数量的无菌玻璃珠) 中,充分混匀;或放入盛有 225mL 稀释液的无菌均质袋中,用拍击式均质器拍打 1~2 分钟,制成 1:10 的样品匀液。当结果要求为每克样品中菌落总数时,按 (1) 操作。

（3）用1mL无菌吸管或微量移液器吸取1∶10样品匀液1mL，沿管壁缓慢注于盛有9mL稀释液的无菌试管中（注意吸管或吸头尖端不要触及稀释液面），在振荡器上振荡混匀，制成1∶100的样品匀液。

（4）按（3）操作，制备10倍系列稀释样品匀液。每递增稀释一次，换用1次1mL无菌吸管或吸头。

（5）根据对样品污染状况的估计，选择1~3个适宜稀释度的样品匀液（液体样品可包括原液），吸取1mL样品匀液于无菌培养皿内，每个稀释度做两个培养皿。同时，分别吸取1mL空白稀释液加入两个无菌培养皿内作空白对照。

（6）及时将15~20mL冷却至46~50℃的平板计数琼脂培养基［可放置于（48±2）℃恒温装置中保温］倾注培养皿，并转动培养皿使其混合均匀。

2. 培养　水平放置待琼脂凝固后，将平板翻转，（36±1）℃培养（48±2）小时。水产品（30±1）℃培养（72±3）小时。如果样品中可能含有在琼脂培养基表面蔓延生长的菌落，可在凝固后的琼脂培养基表面覆盖一薄层平板计数琼脂培养基（约4mL），凝固后翻转平板，进行培养。

如使用菌落总数测试片，应按照测试片所提供的相关技术规程操作。

3. 菌落计数

（1）可用肉眼观察，必要时用放大镜或菌落计数器，记录稀释倍数和相应的菌落数量。菌落计数以CFU表示。

（2）选取菌落数在30~300CFU、无蔓延菌落生长的平板计数菌落总数。低于30CFU的平板记录具体菌落数，大于300CFU的可记录为多不可计。

（3）若其中一个平板有较大片状菌落生长时，则不宜采用该平板，而应以无较大片状菌落生长的平板作为该稀释度的菌落数；若片状菌落不到平板的一半，而其余一半中菌落分布又很均匀，可计算菌落分布均匀的半个平板后乘以2，代表一个平板菌落数。

（4）当平板上出现菌落间无明显界线的链状生长时，则将每条单链作为一个菌落计数。

（三）结果记录并分析处理

1. 菌落总数的计算方法

（1）若只有一个稀释度平板上的菌落数在适宜计数范围内，计算两个平板菌落数的平均值，再将平均值乘以相应稀释倍数，作为每克（毫升）样品中菌落总数结果。

（2）若有两个连续稀释度的平板菌落数在适宜计数范围内时，按式（5-1）计算。

$$N = \frac{\Sigma C}{(n_1 + 0.1n_2)d} \tag{5-1}$$

式中，N为样品中菌落数；ΣC为平板（含适宜范围菌落数的平板）菌落数之和；n_1为第一稀释度（低稀释倍数）平板个数；n_2为第二稀释度（高稀释倍数）平板个数；d为稀释因子（第一稀释度）。

（3）若所有稀释度的平板上菌落数均大于300CFU，则对稀释度最高的平板进行计数，其他平板可记录为多不可计，结果按平均菌落数乘以最高稀释倍数计算。

（4）若所有稀释度的平板菌落数均小于30CFU，则应按稀释度最低的平均菌落数乘以稀释倍数计算。

（5）若所有稀释度（包括液体样品原液）平板均无菌落生长，则以小于1乘以最低稀释倍数计算。

（6）若所有稀释度的平板菌落数均不在30~300CFU，小于30CFU或大于300CFU时，则以最接近30CFU或300CFU的平均菌落数乘以稀释倍数计算，示例见表5-2。

表 5-2　样品中菌落总数结果示例

稀释度	1：10	1：100	1：1000	计算结果	报告	
菌落数（CFU）	多不可计，多不可计	124，138	11，14	13100	13000	1.3×10^4
	—	232，244	33，35	24727	25000	2.5×10^4
	多不可计，多不可计	多不可计，多不可计	442，420	431000	430000	4.3×10^5
	14，15	1，0	0，0	145	150	1.5×10^2
	0，0	0，0	0，0	＜10	＜10	
	312，306	14，19	2，4	3 090	3 100	3.1×10^3

注：上述数据按本节"（三）结果记录并分析处理"中"2. 菌落总数的报告"进行数字修约后表示。

2. 菌落总数的报告

（1）菌落总数小于100CFU时，按"四舍五入"原则修约，以整数报告。

（2）菌落总数大于或等于100CFU时，第三位数字采用"四舍五入"原则修约后，采用两位有效数字，后面用0代替位数；也可用10的指数形式来表示，按"四舍五入"原则修约后，采用两位有效数字。

（3）若空白对照上有菌落生长，则此次检验结果无效。

（4）称重取样以CFU/g为单位报告，体积取样以CFU/mL为单位报告。

【任务考核】

菌落总数测定的考核

考核点		考核内容	分值	记录
实验准备	实验室环境准备	确保实验室整洁，无菌操作台、超净工作台等设备运行正常	5分	
	实验器材准备	正确选择和准备无菌试管、无菌培养皿、无菌接种环、无菌移液器、培养基、无菌水等	5分	
	样品准备	按照标准方法对样品进行采集、处理和保存，确保样品无污染	5分	
	安全防护	穿戴好实验服、手套、口罩等防护用品，确保实验过程安全	5分	
实验操作	样品稀释	按照标准方法对样品进行适当稀释，确保稀释倍数准确	10分	
	接种操作	使用无菌接种环或移液器，将稀释后的样品均匀接种到无菌培养皿中的培养基上	15分	
	培养条件	将接种后的培养皿放置在适宜的温度和湿度条件下进行培养，确保培养条件符合标准	10分	
	观察记录	在培养期间，定期观察培养皿中的菌落生长情况，并记录相关数据	10分	
	菌落计数	培养结束后，按照标准方法对菌落进行计数，确保计数准确、无误	15分	
实验报告	实验器材清洗与消毒	实验结束后，及时清洗和消毒实验器材，确保器材无残留污染	5分	
	实验室清洁与整理	保持实验室整洁，将实验废弃物妥善处理	5分	
	实验报告撰写	撰写详细的实验报告，包括实验目的、实验步骤、实验结果和实验结论等	5分	
	数据分析与讨论	对实验结果进行数据分析，讨论可能的影响因素和改进措施	5分	
合计			100分	

目标检测

答案解析

1. 菌落总数的测定，只做一个稀释度行吗？
2. 水产品菌落总数为什么是30℃ 72 小时培养？

任务二　食品中大肠菌群的测定

【知识学习】

（一）大肠菌群的定义

大肠菌群并非细菌学分类命名，而是卫生细菌领域的用语，指的是具有某些特性的一组与粪便污染有关的肠道致病菌。这些细菌在生化及血清学方面并非完全一致，但通常被定义为在一定培养条件下能发酵乳糖、产酸产气的需氧和兼性厌氧革兰阴性无芽孢杆菌。该菌群细菌一般包括埃希菌属、柠檬酸杆菌属、产气克雷伯菌属、肠杆菌属（又叫产气杆菌属，包括阴沟肠杆菌和产气肠杆菌）等，其中大肠埃希菌是最典型的代表。

（二）卫生学意义

肠道致病菌在食品中的危害极大，它们能引起各种胃肠道症状或亚临床感染，主要包括黏液便、水样便、恶心呕吐、水电解质紊乱等胃肠道症状，长时间感染可能导致肠道黏膜受损，引发生长发育受阻、营养不良等问题，甚至可能向周围扩散，引发脑膜炎、败血症等危及生命的并发症。大肠埃希菌在人类和动物粪便中含量丰富，而且可以通过发酵葡萄糖或乳糖与其他肠道致病菌区分。1892 年，Shardinger 提出使用大肠埃希菌作为粪便污染的指示剂，食品或水中大肠埃希菌的存在可被认为最近被粪便污染且可能存在肠道致病菌。但其他肠道细菌，如柠檬酸杆菌、克雷伯菌和肠杆菌，也可以发酵乳糖，在表型特征上与大肠埃希菌相似。因此，人们创造了"大肠菌群"一词来描述这组肠道细菌。

大肠菌群作为粪便污染的指示菌，具有重要的卫生学意义。

1. 粪便污染指标　食品中检出大肠菌群表明食品受到了人与温血动物粪便的污染。典型的大肠埃希菌表示粪便的新鲜污染。

2. 提示致病菌污染　大肠菌群的存在往往提示食品可能被其他肠道致病菌（如沙门菌、志贺菌、致泻大肠埃希菌等）污染。

（三）大肠菌群的标准和方法

1. 多管发酵法　以最可能数 Most probable number 表示实验结果，也称 MPN 法。MPN 法是统计学和微生物学结合的一种定量检测法。待测样品经系列稀释并培养后，根据其未生长的最低稀释度与生长的最高稀释度，应用统计学概率论推算出待测样品中大肠菌群的最大可能数。

2. 平板计数法　将样本进行适当稀释，大肠菌群在固体培养基中发酵乳糖产酸，在指示剂的作用下形成可计数的红色或紫色、带有或不带有沉淀环的菌落。常用的方法有乳糖胆盐发酵试验、分离培养、证实试验（乳糖发酵试验）三步法，通过稀释度和样本数量来计算菌数。

3. 滤膜法　将一定量的水体样本注入 0.45μm 的滤膜过滤，经过抽滤，水中的细菌则被留在滤膜上，将滤膜贴于品红亚硫酸钠培养基上恒温37℃培养24小时，大肠菌群因发酵乳糖而使得滤膜出现紫红色，通过计算滤膜上的菌落进而计算出单位样本中的大肠菌群的数量。

【任务发布】

根据 GB 4789.3—2025，进行大肠菌群的测定。

【任务实施】

（一）器材、培养基和试剂准备

1. 设备和材料 除微生物实验室常规灭菌及培养设备外，其他设备和材料如下。

（1）恒温培养箱 (36 ± 1)℃，(30 ± 1)℃。

（2）冰箱 2~8℃。

（3）恒温装置 (48 ± 2)℃。

（4）天平 感量0.1g。

（5）均质器，振荡器。

（6）试管 1、2、5、10mL。

（7）无菌吸管 1mL（具0.01mL刻度）、10mL（具0.1mL刻度）或微量移液器及吸头。

（8）无菌锥形瓶 容量500mL。

（9）无菌培养皿 直径90mm。

（10）pH计或pH比色管或精密pH试纸。

（11）菌落计数器。

2. 培养基和试剂

（1）月桂基硫酸盐胰蛋白胨（lauryl sulfate tryptose，LST）肉汤。

（2）煌绿乳糖胆盐（brilliant green lactose bile，BGLB）肉汤。

（3）结晶紫中性红胆盐琼脂（violet red bile agar，VRBA）。

（4）磷酸盐缓冲液。

（5）生理盐水。

（6）1mol/L NaOH 溶液。

（7）1mol/L HCl 溶液。

（二）大肠菌群 MPN 计数法（第一法）

1. 样品的稀释 固体和半固体样品：称取25g样品，放入盛有225mL磷酸盐缓冲液或生理盐水的无菌均质杯内，8000~10000r/min均质1~2分钟，或放入盛有225mL磷酸盐缓冲液或生理盐水的无菌均质袋中，用拍击式均质器拍打1~2分钟，制成1:10的样品匀液。

液体样品：以无菌吸管吸取25mL样品置盛有225mL磷酸盐缓冲液或生理盐水的无菌锥形瓶（瓶内预置适当数量的无菌玻璃珠）或其他无菌容器中充分振摇或置于机械振荡器中振摇，充分混匀，制成1:10的样品匀液。

样品匀液的pH应在6.5~7.5，必要时分别用1mol/L NaOH或1mol/L HCl调节。

用1mL无菌吸管或微量移液器吸取1:10样品匀液1mL，沿管壁缓缓注入9mL磷酸盐缓冲液或生理盐水的无菌试管中（注意吸管或吸头尖端不要触及稀释液面），振摇试管或换用1支1mL无菌吸管反复吹打，使其混合均匀，制成1∶100的样品匀液。

根据对样品污染状况的估计，按上述操作，依次制成十倍递增系列稀释样品匀液。每递增稀释1次，换用1支1mL无菌吸管或吸头。从制备样品匀液至样品接种完毕，全过程不得超过15分钟。

2. 初发酵试验　每个样品，选择3个适宜的连续稀释度的样品匀液（液体样品可以选择原液），每个稀释度接种3管月桂基硫酸盐胰蛋白胨（LST）肉汤，每管接种1mL（如接种量超过1mL，则用双料LST肉汤）。从制备匀液开始至接种LST肉汤完毕，全过程不得超过15分钟。（36±1）℃培养（24±2）小时，观察导管内是否有气泡产生，（24±2）小时产气者进行复发酵试验（证实试验），如未产气则继续培养至（48±2）小时，产气者进行复发酵试验。未产气者为大肠菌群阴性。

3. 复发酵试验（证实试验）　用接种环从产气的LST肉汤管中分别取培养物1环，移种于煌绿乳糖胆盐肉汤（BGLB）管中，（36±1）℃培养（48±2）小时，观察产气情况。产气者，计为大肠菌群阳性管。

4. 结果记录并分析处理　按照确证的大肠菌群BGLB阳性管数，检索MPN表（表5-3），报告每克（毫升）样品中大肠菌群的MPN值。

表5-3　大肠菌群最可能数（MPN）检索表

阳性管数			MPN	95%可信限		阳性管数			MPN	95%可信限	
0.10	0.01	0.001		下限	上限	0.10	0.01	0.001		下限	上限
0	0	0	<3.0		9.5	2	2	0	21	4.5	42
0	0	1	3.0	0.15	9.6	2	2	1	28	8.7	94
0	1	0	3.0	0.15	11	2	2	2	35	8.7	94
0	1	1	6.1	1.2	18	2	3	0	29	8.7	94
0	2	0	6.2	1.2	18	2	3	1	36	8.7	94
0	3	0	9.4	3.6	38	3	0	0	23	4.6	94
1	0	0	3.6	0.17	18	3	0	1	38	8.7	110
1	0	1	7.2	1.3	18	3	0	2	64	17	180
1	0	2	11	3.6	38	3	1	0	43	9	180
1	1	0	7.4	1.3	20	3	1	1	75	17	200
1	1	1	11	3.6	38	3	1	2	120	37	420
1	2	0	11	3.6	42	3	1	3	160	40	420
1	2	1	15	4.5	42	3	2	0	93	18	420
1	3	0	16	4.5	42	3	2	1	150	37	420
2	0	0	9.2	1.4	38	3	2	2	210	40	430
2	0	1	14	3.6	42	3	2	3	290	90	1000
2	0	2	20	4.5	42	3	3	0	240	42	1000
2	1	0	15	3.7	42	3	3	1	460	90	2000
2	1	1	20	4.5	42	3	3	2	1100	180	4100
2	1	2	27	8.7	94	3	3	3	>1100	420	—

注1：本表采用3个稀释度[0.1、0.01、0.001g（mL）]，每个稀释度接种3管。

注2：表内所列检样量如改用1、0.1、0.01g（mL）时，表内数字应相应降低10倍；如改用0.01、0.001、0.0001g（mL）时，则表内数字应相应增高10倍，其余类推。

（三）大肠菌群平板计数法（第二法）

1. 样品的稀释　按照本节"（二）大肠菌群MPN计数法（第一法）检验操作步骤1. 样品的稀释"

进行。

2. 平板计数　根据对样品污染程度的估计，选取 2～3 个适宜的连续稀释度，每个稀释度接种 2 个无菌平皿，每皿 1mL。同时取 1mL 生理盐水加入 2 个无菌平皿作空白对照。及时将 15～20mL 融化并恒温至 48℃ 的结晶紫中性红胆盐琼脂（VRBA）倾注于每个平皿中。小心旋转平皿，将培养基与样液充分混匀，水平静置待其凝固。从制备样品匀液开始至倾注 VRBA 完毕，全过程不得超过 15 分钟。待琼脂凝固后，再加 3～4mL VRBA 覆盖平板表层。翻转平板，置于（36±1）℃ 培养 18～24 小时。对于乳及乳制品，应置于（30±1）℃ 培养 18～24 小时。

3. 平板菌落数的选择　选取菌落数在 15～150CFU 的平板，分别计数平板上出现的典型和可疑大肠菌群菌落（如菌落直径较典型菌落小）。典型菌落为紫红色，菌落周围有红色的胆盐沉淀环，菌落直径一般大于 0.5mm。可疑菌落为红色至紫红色，菌落直径一般小于 0.5mm。若有 2 个稀释度的平板菌落数在 15～150CFU 以及其他情形的菌落数选择。

4. 确认试验　从 VRBA 平板上挑取不同类型的典型和可疑菌落各 5 个，典型或可疑菌落少于 5 个菌落的挑取全部菌落。分别移种于 BGLB 肉汤管内，（36±1）℃ 培养（24±2）小时，观察产气情况，产气为大肠菌群阳性。未产气则继续培养至（48±2）小时，观察产气情况，产气为大肠菌群阳性，仍未产气为阴性。

5. 结果记录并分析处理

（1）所选稀释度的典型菌落数以及可疑菌落数与各自大肠菌群阳性率的乘积之和的平均值，乘以稀释倍数，为大肠菌群的菌落数。大肠菌群的菌落数小于 100CFU 时，按"四舍五入"的原则修约，以整数报告。大肠菌群的菌落数大于或等于 100CFU 时，第 3 位数字采用"四舍五入"原则修约后，取前 2 位数字，后面用 0 代替位数；也可用 10 的指数形式来表示，按"四舍五入"原则修约后，保留两位有效数字。

1）只有 1 个稀释度的平板菌落数在计数范围内，选择菌落数在计数范围内同一稀释度的两块平板进行确认试验。用典型菌落数与其阳性比的乘积，加上可疑菌落数与其阳性比的乘积后，取平均值再乘以稀释倍数，修约后报告结果。

2）有两个连续稀释度的平板菌落数在计数范围内，其中次低稀释度只有 1 个平板的菌落数在计数范围内，对菌落数在计数范围内每个稀释度的平板进行确认试验。用所选平板上大肠菌群菌落数之和，除以所选平板中接种的样品量之和，修约后报告结果。

3）最低稀释度的平板菌落数低于计数范围，对最低稀释度两块平板进行确认试验。用典型菌落数与其阳性比的乘积，加上可疑菌落数与其阳性比的乘积后，取平均值再乘以稀释倍数，修约后报告结果。

4）最低稀释度的平板菌落数高于计数范围，次低稀释度的平板菌落数低于计数范围，选择菌落平均数最接近 15CFU 或 150CFU 的稀释度的平板进行确认试验。用典型菌落数与其阳性比的乘积，加上可疑菌落数与其阳性比的乘积后，取平均值再乘以稀释倍数，修约后报告结果。

5）若所有稀释度的平板上均无典型或可疑菌落生长，结果以小于 1 乘以最低稀释倍数计算。

6）所选稀释度的平板菌落数在计数范围内，但确认试验均无大肠菌群阳性，结果以小于 1 乘以所选稀释度中较低的稀释倍数计算。

（2）若空白对照上有菌落生长，则此次检验结果无效。

（3）称重取样以 CFU/g 为单位报告结果，体积取样以 CFU/mL 为单位报告结果。

【任务考核】

大肠菌群测定的考核［GB 4789.3—2025（第二法）］

考核点		考核内容	分值	记录
实验准备	实验室环境准备	确保实验室整洁，无菌操作台、超净工作台等设备运行正常	5分	
	实验器材准备	正确选择和准备无菌试管、无菌培养皿、无菌接种环、无菌移液器、培养基、无菌水等	5分	
	样品准备	按照标准方法对样品进行采集、处理和保存，确保样品无污染	5分	
	安全防护	穿戴好实验服、手套、口罩等防护用品，确保实验过程安全	5分	
实验操作	样品稀释	按照标准方法对样品进行适当稀释，确保稀释倍数准确。每稀释一次更换无菌吸管，混匀操作规范	10分	
	接种操作	1. 选取 2~3 个适宜稀释度，分别吸取 1mL 样品匀液于无菌平皿中 2. 及时倾注 15~20mL VRBA 培养基，轻轻旋转混匀 3. 待培养基凝固后，覆盖 3~4mL VRBA 防止蔓延生长	15分	
	培养条件	倒置平板于 (36±1)℃培养 18~24 小时	10分	
	菌落计数	1. 培养结束，选择菌落数在 15~150CFU 的平板进行计数 2. 准确识别典型菌落（紫红色，直径≥0.5mm，周围有红色胆盐沉淀环）	10分	
	确证试验	随机挑取至少 5 个可疑菌落和 5 个典型菌落做 BGLB 肉汤确证试验（36℃培养 24~48 小时，观察产气）	10分	
	结果计算	根据确认试验的阳性比例计算最终结果	5分	
实验报告	实验器材清洗与消毒	实验结束后，及时清洗和消毒实验器材，确保器材无残留污染	5分	
	实验室清洁与整理	保持实验室整洁，将实验废弃物妥善处理	5分	
	实验报告撰写	撰写详细的实验报告，包括实验目的、实验步骤、实验结果和实验结论等	5分	
	数据分析与讨论	对实验结果进行数据分析，讨论可能的影响因素和改进措施	5分	
合计			100分	

目标检测

答案解析

1. 大肠菌群 MPN 计数法或平板计数法分别适合什么样品？
2. 除 MPN 法和平板计数法外，还有哪些大肠菌群的检测方法？

项目六　食品中常见致病菌的检测

PPT

导言

食品中致病菌污染是导致食源性疾病的重要原因。食品在生产、加工、储存和运输过程中可能受到金黄色葡萄球菌、沙门菌、单核细胞增生李斯特菌、致泻大肠埃希菌、副溶血弧菌等常见致病菌的污染，这些微生物可通过产毒、侵袭或感染等途径引发食源性疾病，甚至导致大规模公共卫生事件。掌握致病菌检测的完整技术链条，包括样品前处理、增菌培养、选择性分离、生化鉴定、血清学或分子生物学确证等关键步骤，理解不同致病菌的生物学特性与检测注意事项，对于正确评估致病菌在食品中的存在与数量、评估食品卫生安全程度具有重要意义。

学习目标

【知识要求】

1. 掌握金黄色葡萄球菌、沙门菌等常见致病菌的检测标准流程。

2. 熟悉不同致病菌的生物学特性（如生长条件、毒素类型）及其对检测方法选择的影响；选择性培养基的设计原理及生化反应的鉴定意义。

3. 了解国内外食品安全标准对致病菌限量的规定。

【技能要求】

4. 能够规范完成致病菌检测的样品制备、增菌培养及选择性分离操作；能够通过生化试验、血清学试验或分子检测技术确证目标菌株。

【素质要求】

5. 培养"生命至上"的职业责任感，严守检测操作的规范性与数据真实性，杜绝因操作疏漏导致的误判风险；树立食品安全无小事的全局观，深刻认识致病菌检测对保障民生、维护社会稳定的重要意义；强化团队协作与沟通能力，践行"人民健康守护者"的使命担当。

任务一　食品中金黄色葡萄球菌的测定

【知识学习】

（一）卫生学意义

金黄色葡萄球菌（*Staphylococcus aureus*）是一种常见的食源性致病菌，广泛存在于自然界中，尤其是在空气、水、土壤、人体皮肤和黏膜表面。30%~80%的人身上携带该菌，其中50%左右的携带者中含有产肠毒素菌株。它不仅是重要的化脓性病原菌，还可产生多种毒素，引发严重的食源性疾病。因此，准确、快速地检测食品中的金黄色葡萄球菌及其肠毒素，对保障食品安全至关重要。

食物中毒事件多见于春夏季，主要污染乳及乳制品、蛋及蛋制品、家禽家畜肉类、速冻食品等，甚至剩饭、煎蛋、米糕、凉粉等也可能被污染。金黄色葡萄球菌极易受到热处理（80℃以上持续30分钟）或消毒剂的破坏，如果加工食品或食品加工设备中存在该菌或其肠毒素，通常表明卫生条件差。金黄色葡萄球菌本身的杀伤力有限，但如果在食物中大量繁殖，就可产生肠毒素，这种毒素耐热性很强，普通的烹煮过程无法将其完全破坏，摄入1μg金葡菌肠毒素就可导致食源性疾病。患者在摄入含有金葡菌肠毒素的食物后的30分钟至8小时内，会出现恶心、剧烈呕吐、腹痛、腹泻等急性肠胃炎症状，重症患者可能引起脱水、虚脱等症状。而且，金黄色葡萄球菌污染的食品通常在20～30℃下放置3～5小时，就开始产生足以引起中毒的肠毒素。

一般来说，金黄色葡萄球菌可通过以下途径污染食品：食品加工人员、厨师或销售人员带菌，造成食品污染；食品在加工前本身带菌，或在加工过程中受到了污染，产生了肠毒素，引起食物中毒；熟食制品包装不严，运输过程受到污染；奶牛患化脓性乳腺炎或禽畜局部化脓时，对肉体其他部位的污染。通过加强原料控制、优化生产工艺、改善储存条件、加强个人卫生管理、建立质量管理体系以及制定应急处理措施等综合措施的实施，可以有效防治金黄色葡萄球菌的污染和传播。

（二）病原学特征

1. 形态和染色　金黄色葡萄球菌为革兰阳性球菌，直径为0.8～1μm，显微镜下呈单、双、短链或不规则葡萄串状排列，无鞭毛、无芽孢、大多数无荚膜。

2. 培养特性　金黄色葡萄球菌代谢类型为需氧或兼性厌氧，最适生长温度为37℃，最适生长pH为7.4。对环境要求不高，在普通培养基上生长良好。具有较强的耐盐性，可在7.5%～15% NaCl肉汤中生长；耐低温，在冷冻食品中不易死亡；耐高渗，在含有50%～66%蔗糖或15%以上食盐食品中才可被抑制，能在40%胆汁中生长。对磺胺类药物的敏感性较低，但对青霉素和红霉素等抗生素则表现出高度敏感。在固体培养基上，形成的菌落通常是圆形、表面光滑、凸起、湿润，直径1～2mm。菌落颜色可以是奶油、瓷白、浅黄色至橙黄色。这些培养特性为实验室中鉴别和分离金黄色葡萄球菌提供了重要依据。如在Baird-Parker平板上，金黄色葡萄球菌呈圆形、表面光滑、凸起、湿润的菌落，颜色呈灰黑色至黑色，有光泽，常有浅色（非白色）的边缘，周围绕以不透明圈（沉淀），其外常有一清晰带。在血平板上，金黄色葡萄球菌形成菌落较大、圆形、光滑凸起、湿润、金黄色（有时为白色）的菌落，周围可见完全透明溶血圈。

3. 生化特性　金黄色葡萄球菌能够分解葡萄糖、麦芽糖、乳糖、蔗糖，产酸不产气。许多菌株可以分解精氨酸，水解尿素，还原硝酸盐，液化明胶。触酶试验阳性、血浆凝固酶试验阳性、甘露醇发酵试验阳性、甲基红反应阳性、VP反应弱阳性。生化反应不仅有助于鉴别金黄色葡萄球菌，还能进一步了解其致病机制和抗生素敏感性。

4. 分类　金黄色葡萄球菌属于葡萄球菌属，该属包括多种致病性和非致病性菌种。按照传统分类，包括30多个种，常见金黄色葡萄球菌、表皮葡萄球菌和腐生葡萄球菌三种。其中，金黄色葡萄球菌是其中最具临床和食品安全意义的菌种之一，多为致病菌，能够引起人类和动物的多种疾病；表皮葡萄球菌偶有致病；腐生葡萄球菌一般不致病。金黄色葡萄球菌按噬菌体还可分为4组23型，不同型别的金黄色葡萄球菌在致病性、抗生素敏感性等方面存在差异。根据其基因组特征和毒力因子，金黄色葡萄球菌可分为多种亚型和克隆复合体，其中某些克隆复合体与特定的感染类型和耐药性相关。

5. 抵抗力　金黄色葡萄球菌是一种抵抗力较强的细菌，能够在不利环境中存活数周甚至数月。它对干燥、加热、辐射等物理因素具有一定的抵抗力，同时对多种抗生素也表现出抗性。这使得金黄色葡萄球菌在食品生产、加工和储存过程中难以被彻底杀灭，增加了食品中毒的风险。

6. 致病力　金黄色葡萄球菌的致病力主要来源于其产生的毒素和侵袭性酶，包括溶血毒素、杀白细胞素、血浆凝固酶和肠毒素等。肠毒素能直接引发呕吐和腹泻，而侵袭性酶则可能导致化脓性感染、伪膜性胃炎等，治疗不当甚至可能引发全身性感染，对健康构成严重威胁。

（1）毒素作用　金黄色葡萄球菌能够产生多种毒素，这些毒素具有高度的生物活性，能够破坏宿主细胞的正常功能。其中，肠毒素是最主要的致病毒素之一，为单链小分子蛋白，分子量为 26 ~ 29kDa。能够耐受高温和酸性环境，在食品加工和储存过程中依然保持活性。肠毒素进入人体后，会刺激胃肠道平滑肌细胞，导致强烈的收缩和痉挛，从而引发恶心、呕吐、腹痛、腹泻等胃肠道症状。研究已发现多种类型的肠毒素或类肠毒素，除传统肠毒素 A（SEA）、B（SEB）、C（SEC）、D（SED）、E（SEE）之外，SEG、SEH、SEI、SEJ、SEK、SEL、SEM、SEN、SEO、SEP、SEQ、SER、SEU 和 SEV 等肠毒素也不断被发现。此外，金黄色葡萄球菌还能产生溶血毒素、杀白细胞素等，进一步削弱人体的免疫防御能力。溶血毒素分 α、β、γ、δ 四种，能损伤血小板，破坏溶酶体，引起肌体局部缺血和坏死；杀白细胞素可破坏人的白细胞和巨噬细胞。

（2）侵袭性酶作用　金黄色葡萄球菌能够产生多种侵袭性酶，如血浆凝固酶、透明质酸酶等。这些酶能够破坏宿主组织的结构，促进细菌的扩散和感染。血浆凝固酶能够使血浆中的纤维蛋白原转变为纤维蛋白，从而在细菌表面形成一层保护膜，保护细菌免受宿主免疫系统的攻击。透明质酸酶则能够降解透明质酸，破坏结缔组织的完整性，为细菌的扩散提供通道。

金黄色葡萄球菌的致病机制是多种因素相互作用的结果。除了毒素和侵袭性酶的作用外，细菌的数量、毒力因子的表达水平、宿主的免疫状态等因素也会影响其致病性。因此，在食品安全检测和防控过程中，需要综合考虑多种因素，采取综合性的措施来降低金黄色葡萄球菌的污染风险。

（三）金黄色葡萄球菌的检测方法

1. 传统分离鉴定方法　为检测金黄色葡萄球菌的常用方法之一。该方法通过增菌培养、平板划线分离、生化鉴定等步骤，对样品中的金黄色葡萄球菌进行定性和定量检测。这种方法操作简单、稳定性强、成本低，是目前最常用的鉴定方法之一。然而，该方法耗时较长，且对操作人员的技能要求较高。《食品安全国家标准　食品微生物学检验　金黄色葡萄球菌检验》（GB 4789.10—2016），金黄色葡萄球菌检测方法分为第一法定性检验、第二法平板计数法（适用于金黄色葡萄球菌含量较高的食品）以及第三法 MPN 计数法（适用于金黄色葡萄球菌含量较低的食品）。

2. 免疫学检测方法　主要包括酶联免疫法、免疫荧光法和免疫胶体金法等。如酶联免疫法是利用抗体与抗原在载体表面的特异性结合，加入某种酶形成可以跟踪抗体或抗原的标记物。由于抗原或抗体与受检样品的反应产生抗原或抗体的复合物，此时加入酶反应显色底物，产物的量的大小与检测物质的量的大小呈正相关。分析显色情况从而确定样品中待检测物的含量。该方法已广泛应用于检测培养上清液和食物样品（如干酪、土豆沙拉、火腿和牛奶）中的金黄色葡萄球菌。免疫学检测方法具有灵敏度高、特异性强等优点，但操作相对复杂，且对试剂和设备的要求较高。

3. 分子生物学检测方法　包括聚合酶链反应（PCR）技术、核酸探针技术和环介导等温扩增技术等。这些方法利用金黄色葡萄球菌独特的基因序列进行检测，具有灵敏度高、特异性强、检测速度快等优点，操作相对简便，适用于大规模样品的快速检测。该方法对实验条件和操作人员的技术要求较高，且成本相对较高。

4. 试剂盒法　将多种培养基或成分集中在特定微型装置内的检测方法，通过观察微生物的生长和代谢过程的某些产物或现象，对试验现象进行分析，将传统试验中多次试验通过一次完成，从而大大缩短检测时间。用于检测金黄色葡萄球菌的成品试剂盒有 API、MIS 等。试剂盒法具有操作简便、快速准确等优点，适用于基层单位和现场检测。该方法对试剂盒的质量和操作人员的技能要求较高，且成本相对较高。

5. 测试片法 其将纸膜、测试片或胶片附着相关培养基和特定显色液作为金黄色葡萄球菌的培养载体，依据金黄色葡萄球菌在载体上的生长以及显色情况，来衡量食品中金黄色葡萄球菌的存在数量，该方法简便易行，但结果精度不高。

（四）金黄色葡萄球菌肠毒素的检测方法

毒素检测是金黄色葡萄球菌检测的重要环节之一。在进行毒素检测时，需要根据实际情况选择合适的检测方法，并严格按照操作步骤进行。同时，还需要注意实验室的安全防护和质量控制措施，确保检测结果的准确性和可靠性。目前，常用的毒素检测方法包括荧光免疫法、血清学反应等。

1. 荧光免疫法 该方法利用特异性抗体与金黄色葡萄球菌肠毒素结合的原理，通过荧光标记技术来检测毒素的存在。具体操作步骤包括样品处理、抗体结合、荧光标记和观察等。荧光免疫法具有灵敏度高、特异性强等优点，但操作相对复杂，需要专业的仪器和设备。

2. 血清学反应 基于抗原-抗体反应，通过检测样品中特异性抗体的存在来推断毒素的存在。具体操作步骤包括样品制备、抗体加入、反应孵育和结果判断等。血清学反应具有操作简便、易于普及等优点，但灵敏度相对较低，可能受到抗体特异性和反应条件等因素的影响。

【任务发布】

根据 GB 4789.10—2016（第一法），进行金黄色葡萄球菌的测定。

【任务实施】

（一）器材、培养基和试剂准备

1. 设备和材料 除微生物实验室常规灭菌及培养设备外，其他设备和材料如下。

（1）恒温培养箱 （36±1）℃。

（2）冰箱 2~5℃。

（3）恒温水浴箱 36~56℃。

（4）天平 感量为 0.1g。

（5）均质器。

（6）振荡器。

（7）无菌吸管 1mL（具0.01mL刻度）、10mL（具0.1mL刻度）或微量移液器及吸头。

（8）无菌锥形瓶 容量100、500mL。

（9）无菌培养皿 直径90mm。

（10）涂布棒。

（11）pH计或pH比色管或精密pH试纸。

2. 培养基和试剂

（1）7.5%氯化钠肉汤，应符合 GB 4789.10—2016。

（2）血琼脂平板，应符合 GB 4789.10—2016。

（3）Baird-Parker 琼脂平板，应符合 GB 4789.10—2016。

（4）脑心浸出液肉汤（BHI），应符合 GB 4789.10—2016。

（5）兔血浆，应符合 GB 4789.10—2016。

（6）稀释液：磷酸盐缓冲液，应符合 GB 4789.10—2016。

（7）营养琼脂小斜面，应符合 GB 4789.10—2016。

（8）革兰染色液，应符合 GB 4789.10—2016。

（9）无菌生理盐水，应符合 GB 4789.10—2016。

（二）检验操作步骤

1. 样品的处理　称取 25g 样品至盛有 225mL 7.5% 氯化钠肉汤的无菌均质杯内，8000~10000r/min 均质 1~2 分钟，或放入盛有 225mL 7.5% 氯化钠肉汤的无菌均质袋中，用拍击式均质器拍打 1~2 分钟。若样品为液态，吸取 25mL 样品至盛有 225mL 7.5% 氯化钠肉汤的无菌锥形瓶（瓶内可预置适当数量的无菌玻璃珠）中，振荡混匀。

2. 增菌　将上述样品匀液于（36±1）℃培养 18~24 小时。金黄色葡萄球菌在 7.5% 氯化钠肉汤中呈浑浊生长。

3. 分离　将增菌后的培养物，分别划线接种到 Baird-Parker 平板和血平板，血平板（36±1）℃培养 18~24 小时。Baird-Parker 平板（36±1）℃培养 24~48 小时。

4. 初步鉴定　金黄色葡萄球菌在 Baird-Parker 平板上呈圆形，表面光滑、凸起、湿润、菌落直径为 2~3mm，颜色呈灰黑色至黑色，有光泽，常有浅色（非白色）的边缘，周围绕以不透明圈（沉淀），其外常有一清晰带。当用接种针触及菌落时具有黄油样黏稠感。有时可见到不分解脂肪的菌株，除没有不透明圈和清晰带外，其他外观基本相同。从长期贮存的冷冻或脱水食品中分离的菌落，其黑色常较典型菌落浅些，且外观可能较粗糙，质地较干燥。在血平板上，形成菌落较大，圆形、光滑凸起、湿润、金黄色（有时为白色），菌落周围可见完全透明溶血圈。挑取上述可疑菌落进行革兰染色镜检及血浆凝固酶试验。

5. 确证鉴定

（1）染色镜检　金黄色葡萄球菌为革兰阳性球菌，排列呈葡萄球状，无芽孢，无荚膜，直径为 0.5~1μm。

（2）血浆凝固酶试验　挑取 Baird-Parker 平板或血平板上至少 5 个可疑菌落（小于 5 个全选），分别接种到 5mL BHI 和营养琼脂小斜面，（36±1）℃培养 18~24 小时。取新鲜配制兔血浆 0.5mL，放入小试管中，再加入 BHI 培养物 0.2~0.3mL，振荡摇匀，置（36±1）℃温箱或水浴箱内，每 30 分钟观察一次，观察 6 小时，如呈现凝固（即将试管倾斜或倒置时，呈现凝块）或凝固体积大于原体积的一半，被判定为阳性结果。同时以血浆凝固酶试验阳性和阴性葡萄球菌菌株的肉汤培养物作为对照。也可用商品化的试剂，按说明书操作，进行血浆凝固酶试验。结果如可疑，挑取营养琼脂小斜面的菌落到 5mL BHI，（36±1）℃培养 18~48 小时，重复试验。

6. 葡萄球菌肠毒素的检验（选做）　可疑食物中毒样品或产生葡萄球菌肠毒素的金黄色葡萄球菌菌株的鉴定，应按 GB 4789.10—2016 附录 B 检测葡萄球菌肠毒素。

（三）结果记录并分析处理

1. 结果判定　染色镜检符合金黄色葡萄球菌特征且血浆凝固酶试验阳性，可判定为金黄色葡萄球菌。

2. 结果报告　在 25g（mL）样品中检出或未检出金黄色葡萄球菌。

（四）注意事项

（1）前增菌使用均质袋为无菌容器时，应使用带有底托的均质袋架子，防止袋子歪倒泄漏污染培养箱。

（2）金黄色葡萄球菌在血平板上大部分为金黄色，但有时为白色。

（3）金黄色葡萄球菌在 BP 平板上一定要注意金黄色葡萄球菌具有"双环"，即一圈浑浊带，外侧有一透明环。只有单环浑浊带的一般是变形杆菌。有时可见到不分解脂肪的菌株，除每一隔不透明圈和清晰带外，其他外观基本相同。此外，从长期贮存的冷冻或脱水食品中分离的菌落，其黑色常较典型菌落浅些，其外观可能较粗糙，质地较干燥。形态鉴定时需特别注意。如果 BP 平板在培养 48 小时后未见金黄色葡萄球菌可疑菌落，应挑取非典型菌落进行鉴定。

（4）血浆凝固试验时要轻轻转动瓶身至混合均匀。每半小时观察一次，不可直接观察第 6 小时的结果。观察时采用将西林瓶缓慢倾斜或倒置的方式，不要采用摇晃的方式进行观察。一些金黄色葡萄球菌能够产生蛋白酶来分解纤维蛋白，从而出现先凝集而后消融的情况。因此，如果观察不及时，可能误判成假阴性。

【任务考核】

金黄色葡萄球菌测定的考核〔GB 4789.10—2016（第一法）〕

考核点		考核内容	分值	记录
实验准备	实验室环境准备	确保实验室整洁，无菌操作台、超净工作台等设备运行正常	5分	
	实验器材准备	正确选择和准备无菌试管、无菌培养皿、无菌接种环、无菌移液器、培养基、无菌水等	5分	
	样品准备	按照标准方法对样品进行采集、处理和保存，确保样品无污染	5分	
	安全防护	穿戴好实验服、手套、口罩等防护用品，确保实验过程安全	5分	
实验操作	样品处理	无菌操作称取 25g（mL）样品加入 225mL 7.5%氯化钠肉汤，均质	10分	
	增菌培养	（36±1）℃培养 18~24 小时	10分	
	分离培养	1. 从增菌液中划线接种至血琼脂和 Baird – Parker 琼脂平板 2. （36±1）℃培养 24~48 小时，观察菌落形态，正确识别典型菌落	15分	
	确证试验	1. 革兰染色：菌体为革兰阳性球菌，呈葡萄串状排列 2. 血浆凝固酶试验：挑取可疑菌落接种至脑心浸液肉汤〔（36±1）℃培养 18~24 小时〕，与兔血浆混合，（36±1）℃观察凝固（6 小时内完成）	10分	
	结果判定	结合分离培养、血浆凝固酶试验、革兰染色结果，判定是否为金黄色葡萄球菌	15分	
实验报告	实验器材清洗与消毒	实验结束后，及时清洗和消毒实验器材，确保器材无残留污染	5分	
	实验室清洁与整理	保持实验室整洁，将实验废弃物妥善处理	5分	
	实验报告撰写	撰写详细的实验报告，包括实验目的、实验步骤、实验结果和实验结论等。报告格式规范，注明检出或未检出（25g 或 25mL）或（CFU/mL）	5分	
	数据分析与讨论	对实验结果进行数据分析，讨论可能的影响因素和改进措施	5分	
合计			100分	

目标检测

1. 检测流程中为何需要增菌培养？如何确保选择性分离的准确性？

2. 金黄色葡萄球菌检测中为何选择 Baird – Parker 琼脂作为选择性培养基以及进行凝固酶试验的意义是什么？

任务二　食品中沙门菌的测定

【知识学习】

（一）卫生学意义

沙门菌（*Salmonella*）是一类广泛存在于自然界中的革兰阴性杆菌，是引起食源性疾病的主要病原菌之一。1885 年猪霍乱流行时，由美国病理学家丹尼尔·沙门（Daniel Elmer Salmon）发现。该菌属于肠杆菌科成员，广泛存在于自然界中，从家禽、家畜到野生脊椎动物、软体动物、节肢动物，包括蚊蝇、蟑螂等，均可携带沙门菌。其中有一些是人畜共患病的病原菌。

沙门菌食物中毒是全球范围内常见的食源性疾病之一，每年约有数百万人因此感染。据统计在世界各国的各类细菌性食物中毒中，沙门菌引起的食物中毒常列榜首，在我国常见的致病菌中也位居前列。多发于夏秋两季，其传染源主要为受污染的畜禽肉类、蛋类、奶类及其制品等动物性食品。通过人食用由沙门菌污染的水、食物引起感染，传播途径为粪口途径。感染的症状包括腹泻、腹痛、发热、恶心和呕吐，常见潜伏期为 12 ~ 36 小时，病程一般为 2 ~ 3 天，严重时可能导致脱水、败血症甚至死亡，尤其对婴幼儿、老年人和免疫力低下的人群危害更大。沙门菌也被认为是动物食品中的主要微生物危害，包括宠物食品、动物饲料以及原材料和配料。

食品在加工、储存和运输过程中，如卫生条件不达标、设备工具消毒不到位、灭活或杀菌环节温度控制不当、包装储运造成二次污染等问题，极易导致沙门菌的繁殖和污染，此外，在流通和餐饮环节，食品储藏设备、加工用具或餐饮具的交叉污染，从业人员的个人卫生和操作不规范，也可能导致沙门菌污染。应从以下方面加强管理。

（1）食品加工　加强食品生产和加工过程中的卫生管理，特别是肉类、牛奶等加工、运输、贮藏过程中必须注意清洁、消毒，确保食品不受沙门菌污染。

（2）个人卫生　勤洗手，生熟食分开，避免生食肉类和蛋类等高风险食品，以减少感染风险。

（3）环境消毒　对可能受污染的环境和物品进行彻底消毒，以消除沙门菌的潜在来源。

（二）病原学特征

1. 形态和染色　沙门菌为革兰阴性杆菌，菌体大小为 $(0.7 \sim 1.5)\mu m \times (2.0 \sim 5.0)\mu m$，无芽孢、无荚膜，多数菌株具有周生鞭毛，能够运动。在显微镜下，革兰染色呈红色，形态规则，常呈单个或成对排列。

2. 培养特性　沙门菌为需氧或兼性厌氧菌，最适生长温度为 37℃，但在 15 ~ 45℃范围内均可生长，最佳 pH 为 6.5 ~ 7.5。在固体培养基上，沙门菌通常形成圆形或卵圆形、表面光滑湿润、无色半透明、边缘整齐的菌落。在液体培养基中，沙门菌呈均匀浑浊性生长，无菌膜。在含有煌绿或亚硒酸盐的培养基上生长时，可以抑制大肠埃希菌的生长，从而起到增菌作用。沙门菌在选择性培养基上具有独特的生长特性，部分选择性培养基的典型菌落特征如下。

（1）BS 琼脂　沙门菌形成黑色或灰绿色菌落，均产生明显的金属光泽。

（2）XLD 琼脂　沙门菌形成红色菌落，中心呈黑色。

（3）HE 琼脂　沙门菌形成蓝绿色菌落，中心呈黑色。

3. 生化特性　沙门菌具有一系列独特的生化反应特性，这些特性可以用于其鉴定和检测。常见的沙门菌生化反应包括：发酵葡萄糖产气，常在三糖铁琼脂上产生硫化氢，遇铅或铁离子形成黑色的硫化铅或硫化铁沉淀物，是鉴定沙门菌的一个重要特征；吲哚试验阴性；常利用柠檬酸盐作为唯一碳源；通常赖氨酸和鸟氨酸脱羧酶反应阳性；脲酶阴性；ONPG 试验阴性；苯丙氨酸和色氨酸不氧化脱氨；不产生酯酶和脱氧核糖核酸酶。此外，沙门菌还可能具有其他生化反应特性，如发酵甘露醇和麦芽糖、不发酵乳糖和蔗糖等。这些生化反应特性可以作为沙门菌鉴定和检测的辅助指标。

4. 分类　沙门菌属于肠杆菌科沙门菌属，由肠道沙门菌（*S. enterica*）与邦戈尔沙门菌（*S. bongori*）两个种属构成。大多数引起人类感染的沙门菌分离株属于肠道沙门菌。

（1）伤寒和非伤寒　沙门菌被分为伤寒和非伤寒两类，这种分类与它们造成的疾病症状一致。

（2）抗原成分　沙门菌按照抗原成分可以分为甲、乙、丙、丁、戊等基本菌型，与人类疾病有关的主要有甲组的副伤寒甲杆菌，乙组的副伤寒乙杆菌和鼠伤寒杆菌，丙组的副伤寒丙杆菌和猪霍乱杆菌，丁组的伤寒和肠炎杆菌。抗原成分主要包括以下几种。

1）菌体抗原（O 抗原）　用于分群。沙门菌属的菌体抗原有 58 种，以阿拉伯数字依次标记：根据沙门菌有共同的 O 抗原这一特点，分类学者将有共同抗原的细菌归为一组，这就使沙门菌分成 42 个群（或组）。即 A、B、C······Z 和 O16～O67 群。每群都有群特异性抗原，如 A 群 O2、B 群 O4、D 群 O9 等。

2）鞭毛抗原（H 抗原）　用于分型。沙门菌 H 抗原有两相，第一相为特异性抗原，用 a、b、c 等表示；第二相为共同抗原，用 1、2、3 等表示。

3）表面抗原（Vi 抗原）　部分菌株有类似大肠埃希菌 K 抗原的表面抗原，与细菌的毒力有关。可阻止 O 抗原与 O 抗体的特异性凝集反应，但 Vi 抗原被破坏后 O 抗体仍可和相应的 O 抗原凝集。

（3）血清型　根据 Kauffman－White 标准，沙门菌属细菌现有超过 2500 种血清型。根据血清型的不同，沙门菌可分为多种亚型，其中一些亚型具有高度的致病性和传染性。

（4）生化反应按生化反应分为 4 个亚种。亚种 I 是生化反应典型的和最常见的沙门菌；亚种 II 和 IV 是生化反应不典型的沙门菌；亚种 III 是亚利桑那沙门菌。

5. 抵抗力　沙门菌对热和消毒剂敏感，在 60℃条件下加热 30 分钟、5% 石炭酸溶液处理或 70% 乙醇浸泡 5 分钟均可将其杀死。但其在食品中的存活能力受食品成分、pH 值和水分活度等因素影响，如在有机物存在时，其对消毒剂的抵抗力增强。而且，沙门菌对环境的抵抗力较强，能够在干燥、低温和高盐环境中存活。其在水中可存活数周或数月，在粪便中可生存数月，在冰中能生存数月，较强的环境适应性使得沙门菌在食品生产和储存过程中容易引发污染。

6. 致病力　引起食物中毒的沙门菌以鼠伤寒、猪霍乱、肠炎、汤卜逊、乙型及丙型副伤寒沙门菌为常见。进入人体后，可在肠道内大量繁殖，受到机体的抵抗而被裂解、破坏，释放大量内毒素，产生肠毒素，引起肠道黏膜的炎症反应，导致腹泻、呕吐等症状。儿童和免疫力低下的成年人，可能进一步发展为败血症。部分菌株如伤寒和副伤寒沙门菌，可通过血液和淋巴系统传播至全身，引起肠热症（伤寒病或副伤寒病）。此外，沙门菌还可引起慢性肠炎。沙门菌的致病因素有侵袭力、内毒素和肠毒素 3 种。

（1）侵袭力 沙门菌侵入小肠黏膜上皮细胞，穿过上皮细胞层到达上皮下组织。细菌虽被细胞吞噬，但不被杀灭，并在其中继续生长繁殖。这可能与 Vi 抗原和 O 抗原的保护作用有关。菌毛的黏附作用也是细菌侵袭力的一个因素。

（2）内毒素 侵入体内的沙门菌裂解后释放出内毒素，引起发热、白细胞下降，大剂量时可发生中毒性休克。

（3）肠毒素 某些沙门菌如鼠伤寒沙门菌能够产生肠毒素，这些毒素能够导致宿主细胞分泌大量液体，从而引发腹泻等症状。

知识链接

毒力岛

毒力岛（virulence island）亦称致病岛（pathogenicity island），指致病菌基因组中的一个区段，与致病毒性高度有关的基因成簇地聚集在此区段中，主要编码与细菌毒力及代谢等功能相关的产物。这些产物多为分泌性蛋白和细胞表面蛋白，如溶血素、菌毛、血红素结合因子、Ⅲ型分泌系统、信息传导系统和调节系统等。一种病原菌可同时具有一个或多个毒力岛。

沙门菌的毒力岛基因与其感染细胞、致病致死有着密不可分的关系，已知沙门菌毒力岛有近十几个，其中 SPI1 和 SPI2 主要负责其入侵和传播能力。毒力岛上的毒力基因是对致病菌进行分子检测的热门靶基因。

（三）沙门菌的检测方法

沙门菌的检测和鉴定技术大致分为三类：常规生化鉴定方法、免疫学方法以及分子生物学方法。

1. 传统分离鉴定方法 传统培养方法是目前国内规定的标准测定方法，主要包括预增菌（第1天）、选择性增菌（第2天）、分离培养（第3天）生化筛查（第4天）和确认（第5天）等若干步骤，需要4~5天才能得出推定结果。该方法经典可靠，但程序复杂、耗时费力，且敏感性和特异性较差。

2. 免疫学方法 包括免疫荧光法、酶联免疫吸附试验（ELISA）及胶体金标记免疫分析法等。该方法具有快速、简便、敏感等特点，但需要特定的仪器设备和试剂，且成本较高。

3. 分子生物学方法 包括聚合酶链反应（PCR）技术、全基因测序（WGS）等。该方法具有高度的特异性和敏感性，且操作简便、快速，是近年来发展迅速的新型检测方法。

4. MALDI – TOF – MS 即基质辅助激光解析电离飞行时间质谱，通过检测细胞蛋白质的特异峰图区分种类。该方法具有高通量、高效率的特点。

【任务发布】

根据 GB 4789.4—2024，进行沙门菌的测定。

【任务实施】

（一）器材、培养基和试剂准备

1. 设备和材料 除微生物实验室常规灭菌及培养设备外，其他设备和材料如下。

（1）冰箱 2~8℃。

（2）恒温培养箱 （36±1）℃，恒温装置：（42±1）℃、（48±2）℃。

（3）均质器。

（4）振荡器。

（5）天平　感量0.1g。

（6）无菌锥形瓶　容量500、250mL。

（7）无菌量筒　容量50mL。

（8）无菌均质杯、无菌均质袋。

（9）无菌广口瓶　容量500mL。

（10）无菌吸管　1mL（具0.01mL刻度）、10mL（具0.1mL刻度）或微量移液器及吸头。

（11）无菌培养皿　直径60、90mm。

（12）无菌试管　10mm×75mm、15mm×150mm、18mm×180mm或其他合适规格。

（13）无菌小玻管　3mm×50mm。

（14）无菌接种环　10μL（直径约3mm）、1μL以及接种针。

（15）pH计或精密pH试纸。

（16）微生物生化鉴定系统。

（17）生物安全柜。

2. 培养基和试剂

（1）缓冲蛋白胨水（BPW），应符合GB 4789.4—2024。

（2）四硫黄酸钠煌绿增菌液（TTB），应符合GB 4789.4—2024。

（3）氯化镁孔雀绿大豆胨（RVS）增菌液，应符合GB 4789.4—2024。

（4）亚硫酸铋（BS）琼脂，应符合GB 4789.4—2024。

（5）HE琼脂，应符合GB 4789.4—2024。

（6）木糖赖氨酸脱氧胆盐（XLD）琼脂，应符合GB 4789.4—2024。

（7）三糖铁（TSI）琼脂，应符合GB4 789.4—2024。

（8）营养琼脂（NA），应符合GB 4789.4—2024。

（9）半固体琼脂，应符合GB 4789.4—2024。

（10）蛋白胨水、靛基质试剂，应符合GB 4789.4—2024。

（11）尿素琼脂（pH7.2），应符合GB 4789.4—2024。

（12）氰化钾（KCN）培养基，应符合GB 4789.4—2024。

（13）赖氨酸脱羧酶试验培养基，应符合GB 4789.4—2024。

（14）糖发酵培养基，应符合GB 4789.4—2024。

（15）邻硝基酚β-D半乳糖苷（ONPG）培养基，应符合GB 4789.4—2024。

（16）丙二酸钠培养基，应符合GB 4789.4—2024。

（17）沙门菌显色培养基。

（18）沙门菌诊断血清。

（19）生化鉴定试剂盒。

（二）检验操作步骤

1. 预增菌　无菌操作取25g（mL）样品，置于盛有225mL BPW的无菌均质杯中，以8000~10000r/min均质1~2分钟，或置于盛有225mL BPW的无菌均质袋内，用拍击式均质器拍打1~2分钟。对于液态样品，也可置于盛有225mL BPW的无菌锥形瓶或其他合适容器中振荡混匀。如需调节pH时，用1mol/L

NaOH 或 HCl 调 pH 至 6.8 ±0.2。无菌操作将样品转至 500mL 锥形瓶或其他合适容器内（如均质杯本身具有无孔盖或使用均质袋时，可不转移样品），置于（36 ±1）℃培养 8 ~18 小时。

对于乳粉，无菌操作称取 25g 样品，缓缓倾倒在广口瓶或均质袋内 225mL BPW 的液体表面，勿调节 pH，也暂不混匀，室温静置（60 ±5）分钟后再混匀，置于（36 ±1）℃培养 16 ~18 小时。

冷冻样品如需解冻，取样前在 40 ~45℃的水浴中解冻不超过 15 分钟，或在 2 ~8℃冰箱缓慢化冻不超过 18 小时。

2. 选择性增菌　轻轻摇动预增菌的培养物，移取 0.1mL 转种于 10mL RVS 中，混匀后于（42 ±1）℃培养 18 ~24 小时。同时，另取 1mL 转种于 10mL TTB 中后混匀，低背景菌的样品（如深加工的预包装食品等）置于（36 ±1）℃培养 18 ~24 小时，高背景菌的样品（如生鲜禽肉等）置于（42 ±1）℃培养 18 ~24 小时。

如有需要，可将预增菌的培养物在 2 ~8℃冰箱保存不超过 72 小时，再进行选择性增菌。

3. 分离　振荡混匀选择性增菌的培养物后，用直径 3mm 的接种环取每种选择性增菌的培养物各一环，分别划线接种于一个 BS 琼脂平板和一个 XLD 琼脂平板（也可使用 HE 琼脂平板、沙门菌显色培养基平板或其他合适的分离琼脂平板），于（36 ±1）℃分别培养 40 ~48 小时（BS 琼脂平板）或 18 ~24 小时（XLD 琼脂平板、HE 琼脂平板、沙门菌显色培养基平板），观察各个平板上生长的菌落，是否符合表 6 -1 的菌落特征。

如有需要，可将选择性增菌的培养物在 2 ~8℃冰箱保存不超过 72 小时，再进行分离。

表 6 -1　不同分离琼脂平板上沙门菌的菌落特征

分离琼脂平板	菌落特征
BS 琼脂	菌落为黑色有金属光泽、棕褐色或灰色，菌落周围培养基可呈黑色或棕色；有些菌株形成灰绿色的菌落，周围培养基不变色
XLD 琼脂	菌落呈粉红色，带或不带黑色中心，有些菌株可呈现大的带光泽的黑色中心，或呈现全部黑色的菌落；有些菌株为黄色菌落，带或不带黑色中心
HE 琼脂	蓝绿色或蓝色，多数菌落中心黑色或几乎全黑色；有些菌株为黄色，中心黑色或几乎全黑色
沙门菌显色培养基	符合相应产品说明书的描述

4. 生化试验

（1）挑取 4 个以上典型或可疑菌落进行生化试验，这些菌落宜分别来自不同选择性增菌液的不同分离琼脂；也可先选其中一个典型或可疑菌落进行试验，若鉴定为非沙门菌，再取余下菌落进行鉴定。将典型或可疑菌落接种三糖铁琼脂，先在斜面划线，再于底层穿刺；同时接种赖氨酸脱羧酶试验培养基和营养琼脂（或其他合适的非选择性固体培养基）平板，于（36 ±1）℃培养 18 ~24 小时。三糖铁和赖氨酸脱羧酶试验的结果及初步判断见表 6 -2。将已挑菌落的分离琼脂平板于 2 ~8℃保存，以备必要时复查。

表 6 -2　三糖铁和赖氨酸脱羧酶试验结果及初步判断

三糖铁				赖氨酸脱羧酶	初步判断
斜面	底层	产气	硫化氢		
K	A	+ （-）	+ （-）	+	疑似沙门菌
K	A	+ （-）	+ （-）	-	疑似沙门菌
A	A	+ （-）	+ （-）	+	疑似沙门菌
A	A	+/-	+/-	-	非沙门菌
K	K	+/-	+/-	+/-	非沙门菌

注：K 为产碱；A 为产酸；+ 为阳性；- 为阴性；+ （-）为多数阳性，少数阴性；+/- 为阳性或阴性。

（2）初步判断为非沙门菌者，直接报告结果。对疑似沙门菌者，从营养琼脂平板上挑取其纯培养物接种蛋白胨水（供做靛基质试验）、尿素琼脂（pH 7.2）、氰化钾（KCN）培养基，也可在接种三糖铁琼脂和赖氨酸脱羧酶试验培养基的同时，接种以上 3 种生化试验培养基，于（36±1）℃培养 18～24小时，按表 6-3 判定结果。

表 6-3 生化试验结果鉴别表（一）

序号	硫化氢	靛基质	尿素（pH7.2）	氰化钾	赖氨酸脱羧酶
A1	+	-	-	-	+
A2	+	+	-	-	+
A3	-	-	-	-	+／-

注：+为阳性；-为阴性；+／-为阳性或阴性。

1）符合表 6-4 中 A1 者，为沙门菌典型的生化反应，进行血清学鉴定后报告结果。尿素、氰化钾和赖氨酸脱羧酶中如有 1 项不符合 A1，按表 6-4 进行结果判断；尿素、氰化钾和赖氨酸脱羧酶中如有 2 项不符合 A1，判断为非沙门菌并报告结果。

表 6-4 生化试验结果鉴别表（二）

尿素（pH7.2）	氰化钾	赖氨酸脱羧酶	判断结果
-	-	-	甲型副伤寒沙门菌（要求血清学鉴定结果）
-	+	+	沙门菌IV或V（符合该亚种生化特性并要求血清学鉴定结果）
+	-	+	沙门菌个别变体（要求血清学鉴定结果）

注：+为阳性；-为阴性。

2）生化试验结果符合表 6-3 中 A2 者，补做甘露醇和山梨醇试验，沙门菌（靛基质阳性变体）的甘露醇和山梨醇试验结果均为阳性，其结果报告还需进行血清学鉴定。

3）生化试验结果符合表 6-3 中 A3 者，补做 ONPG 试验。沙门菌的 ONPG 试验结果为阴性，且赖氨酸脱羧酶试验结果为阳性，但甲型副伤寒沙门菌的赖氨酸脱羧酶试验结果为阴性。生化试验结果符合沙门菌者，进行血清学鉴定。

4）必要时，按表 6-5 进行沙门菌株和亚种的生化鉴定。

表 6-5 沙门菌株和亚种的生化鉴定

种	肠道沙门菌						邦戈尔沙门菌
亚种	肠道亚种	萨拉姆亚种	亚利桑那亚种	双相亚利桑那亚种	豪顿亚种	印度亚种	
项目	I	II	IIIa	IIIb	IV	VI	V
卫矛醇	+	+	-	-	-	d	+
ONPG（2小时）	-	-	+	+	-	d	-
丙二酸盐	-	+	+	+	-	-	-
明胶酶	-	+	+	+	+	+	+
山梨醇	+	+	+	+	+	-	+
氰化钾	-	-	-	-	+	+	+
L（+）-酒石酸盐	+	-	-	-	-	-	-
半乳糖醛酸	+	+	-	+	+	+	+
γ-谷氨酰转肽酶	+	+	-	+	+	+	+
β-葡糖醛酸苷酶	d	d	-	+	-	d	-

续表

种	肠道沙门菌						邦戈尔沙门菌
亚种	肠道亚种	萨拉姆亚种	亚利桑那亚种	双相亚利桑那亚种	豪顿亚种	印度亚种	
黏液酸	+	+	+	－（70%）		+	+
水杨苷	－	－	－	－	+	－	
乳糖	－	－	－（75%）	＋（75%）		d	－
O1 噬菌体裂解	+	+	－	+	－	+	d

注：＋为阳性；－为阴性；d 为不定。

5）如选择生化鉴定试剂盒或微生物生化鉴定系统，用分离平板上典型或可疑菌落的纯培养物，或者根据表 6-2 初步判断为疑似沙门菌的纯培养物，按生化鉴定试剂盒或微生物生化鉴定系统的操作说明进行鉴定。

5. 血清学鉴定

（1）培养物自凝性检查。般采用琼脂含量为 1.2%~1.5% 的纯培养物进行玻片凝集试验。首先进行自凝性检查，在洁净的玻片上滴加一滴生理盐水，取适量待测菌培养物与之混合，成为均一性的浑浊悬液，将玻片轻轻摇动 30~60 秒，在黑色背景下观察反应（必要时用放大镜观察），若出现可见的菌体凝集，即认为有自凝性，反之无自凝性。对无自凝的培养物参照表 6-5 方法进行血清学鉴定。

（2）多价菌体抗原（O）鉴定。在玻片上划出两个约 1cm×2cm 的区域，挑取待测菌培养物，各放约一环于玻片上的每一区域上部，在其中一个区域下部加一滴多价菌体（O）血清，在另一区域下部加入一滴生理盐水，作为对照。再用无菌的接种环或针将两个区域内的待测菌培养物，分别与血清和生理盐水研成乳状液。将玻片倾斜摇动混合 1 分钟，并对着黑暗背景进行观察，与对照相比，出现可见的菌体凝集者为阳性反应。O 血清不凝集时，将菌株接种在琼脂含量较高（如 2%~3%）的培养基上培养后再鉴定，如果是由于 Vi 抗原的存在而阻止了 O 血清的凝集反应时，可挑取待测菌培养物在 1mL 生理盐水中制成浓菌液，在沸水中水浴 20~30 分钟，冷却后再进行鉴定。

（3）不同厂商沙门菌诊断血清的组成、鉴定操作及结果判断，可能存在差异。使用商品化的沙门菌诊断血清进行血清学鉴定时，应遵循其产品说明。

（4）多价鞭毛抗原（H）鉴定。按（2）的操作，将多价菌体（O）血清换成多价鞭毛（H）血清，进行多价鞭毛抗原（H）鉴定。H 抗原发育不良时，将菌株接种在半固体琼脂平板的中央，待菌落蔓延生长时，在其边缘部分取菌鉴定；或将菌株接种在装有半固体琼脂的小玻管培养 1~2 代，自远端取菌再进行鉴定。

6. 血清学分型（选做项目）

（1）O 抗原的鉴定　用 A~F 多价 O 血清做玻片凝集试验，同时用生理盐水做对照。在生理盐水中自凝者为粗糙型菌株，不能分型。

被 A~F 多价 O 血清凝集者，依次用 O4、O3、O10、O7、O8、O9、O2 和 O11 因子血清做凝集试验。根据试验结果，判定 O 群。被 O3、O10 血清凝集的菌株，再用 O10、O15、O34、O19 单因子血清做凝集试验，判定 E1、E4 各亚群。根据 O 单因子血清的鉴定结果，确定每个 O 抗原成分。没有 O 单因子血清的，用两个 O 复合因子血清进行鉴定。

不被 A~F 多价 O 血清凝集者，先用 9 种多价 O 血清鉴定，如有其中一种血清凝集，则用这种血清所包括的 O 群血清逐一进行鉴定，以确定 O 群。每种多价 O 血清所包括的 O 群血清如下。

O 多价 1：A、B、C、D、E、F 群（包括 6、14 群）。

O多价2：13、16、17、18、21群。

O多价3：28、30、35、38、39群。

O多价4：40、41、42、43群。

O多价5：44、45、47、48群。

O多价6：50、51、52、53群。

O多价7：55、56、57、58群。

O多价8：59、60、61、62群。

O多价9：63、65、66、67群。

（2）H抗原的鉴定　属于A~F各O群的常见菌型，依次用表6-6所述H因子血清鉴定第1相和第2相的H抗原。

表6-6　A~F各O群常见菌型H抗原表

O群	第1相	第2相
A	a	无
B	g, f, s	无
B	i, b, d	2
C1	k, v, r, c	5, z15
C2	b, d, r	2, 5
D（不产气的）	d	无
D（产气的）	g, m, p, q	无
E1	h, v	6, w, x
E4	g, s, t	无
E4	i	无

不常见的菌型，先用8种多价H血清鉴定，如有其中一种或两种血清凝集，则再用这一种或两种血清所包括的各种H因子血清逐一进行鉴定，以确定第1相和第2相的H抗原。8种多价H血清所包括的H因子血清如下。

H多价1：a、b、c、d、i。

H多价2：e, h、e, n, x、e, n, z15、f, g、g, m, s、g, p, u、g, p、g, q、m, t、g, z51。

H多价3：k、r、y、z、z10、l, v、l, w、l, z13、l, z28、l, z40。

H多价4：1, 2、1, 5、1, 6、1, 7、z6。

H多价5：z4, z23、z4, z24、z4, z32、z29、z35、z36、z38。

H多价6：z39、z41、z42、z44。

H多价7：z52、z53、z54、z55。

H多价8：z56、z57、z60、z61、z62。

每个H抗原成分的最后确定均应根据H单因子血清的鉴定结果，没有H单因子血清的要用两个H复合因子血清进行鉴定。

检出第1相H抗原而未检出第2相H抗原的或检出第2相H抗原而未检出第1相H抗原的，要用以下位相变异的方法鉴定其另一相。单相菌不必做位相变异鉴定。

1）简易平板法　将半固体琼脂平板烘干表面水分，挑取已知相的H因子血清1环，滴在半固体平板表面，正置平板片刻待血清吸收，在滴加血清部位的中央点种待测菌株，翻转平板置于（36±1）℃培养后，在形成蔓延生长的菌苔边缘取菌鉴定。

2）小玻管法　将1~2mL半固体琼脂熔化后冷却至48℃左右，加入已知相的H因子血清0.05~0.1mL，混匀后装入3mm×50mm两端开口的小玻管内。待琼脂凝固后，用接种针挑取待测菌，接种于小玻管一端的琼脂内。将小玻管平放在平皿内，置于（36±1）℃培养，并采取保湿措施以防琼脂中水分蒸发而干缩。每天观察结果，待另一相细菌解离后，从小玻管另一端挑取细菌进行鉴定。培养基内血清的浓度应有适当的比例，过高时细菌不能生长，过低时同一相细菌的动力不能抑制。一般按原血清1:（200~800）的量加入。

3）小套管法　在装有大约10mL半固体琼脂培养基的试管中，插入3mm×50mm两端开口的小玻管（下端开口要留一个缺口，不要平齐），小玻管的上端应高出于培养基的表面，121℃高压灭菌15分钟后备用。临用时加热熔化，并冷却至48℃左右，挑取已知相的H因子血清1环，加入小玻管中的培养基内，略加搅动使其混匀。待琼脂凝固后，在小玻管中的半固体表层内接种待测菌，于（36±1）℃培养，每天观察结果，待另一相细菌解离后，从小玻管外的半固体表面取菌鉴定，或将所取的菌转种1%琼脂斜面，于（36±1）℃培养后再进行鉴定。

（3）Vi抗原的鉴定　用Vi因子血清进行鉴定。已知具有Vi抗原的菌型有伤寒沙门菌、丙型副伤寒沙门菌、都柏林沙门菌。

（4）血清型的判定　根据血清学分型鉴定的结果，按照GB 4789.4—2024附录B或有关沙门菌属抗原表判定血清型。

（三）结果记录并分析处理

综合以上生化试验和血清学鉴定的结果，报告25g（mL）样品中检出或未检出沙门菌。

（四）注意事项

（1）在检验乳粉样品时，须将样品倒入225mL BPW培养基表面，静置60分钟后再进行预增菌。可以促进受损沙门菌的复苏，提高检出率。乳粉类样品经过高温喷雾干燥，其中的沙门菌大多处于受损状态；快速混匀水化会使得受损的沙门菌出现渗透压休克。

（2）相对于旧国标，GB 4789.4—2024中的选择性增菌培养基由氯化镁孔雀绿大豆胨（RVS）增菌液代替亚硒酸盐胱氨酸（SC）增菌液。因为SC增菌液主要适用于伤寒沙门菌的选择性增菌，而近年来，我国伤寒、副伤寒沙门菌的发病率大幅下降。

（3）对易产生较大颗粒的样品（如肉类）进行检测时，建议使用带滤网均质袋，以便均质后用吸管吸取匀液。

（4）在检测鲜蛋类样品时需要将鲜蛋在流动水下洗净，待干后用75%乙醇棉消毒蛋壳后，打开混匀检测。

（5）检测脂肪含量超过20%的肉制品时，可根据脂肪含量加入适当比例的灭菌吐温80进行乳化混匀，也可将增菌液预热再进行检测。

（6）检测硬质糖果或夹心糖果时需要使用无菌剪刀将样品从中间剪开，漏出夹心物，并在不超过45℃的水浴中溶化15分钟后检验。

（7）在TSI培养时。应将试管口松开，保存管内有充足的氧气，否则会产生过量H$_2$S，导致整管变黑。

【任务考核】

沙门测定的考核（GB 4789.4—2024）

考核点		考核内容	分值	记录
实验准备	实验室环境准备	确保实验室整洁，无菌操作台、超净工作台等设备运行正常	5分	
	实验器材准备	确认实验仪器（均质器、恒温培养箱、无菌吸管等）齐全且状态正常	5分	
	样品准备	按照标准方法对样品进行采集、处理和保存，确保样品无污染	5分	
	安全防护	穿戴好实验服、手套、口罩等防护用品，确保实验过程安全	5分	
实验操作	样品处理与预增菌	1. 无菌操作称取25g（mL）样品加入225mL缓冲蛋白胨水（BPW），均质； 2.(36±1)℃预增菌培养8～18小时	10分	
	选择性增菌	1. 移取预增菌液1mL接种于10mL TTB，选择适宜的温度条件培养18～24小时 2. 另移取预增菌液0.1mL接种于10mL RVS中［(42±1)℃培养18～24小时］	5分	
	分离培养（平板划线）	1. 分别取TTB和RVS增菌液划线接种至XLD琼脂和BS琼脂平板，(36±1)℃分别培养 2. 观察菌落特征，XLD平板上典型菌落为粉红色带黑色中心，BS平板上为黑色或墨绿色	10分	
	生化鉴定	1. 三糖铁（TSI）试验：斜面产碱（红色）/底层产酸（黄色），产 H_2S（黑色沉淀） 2. 赖氨酸脱羧酶试验：阳性（紫色），阴性对照（黄色） 3. 尿素酶试验：阴性（黄色），阴性对照（玫红色） 4. 靛基质试验：阴性（无红色环），阴性对照（无色）	10分	
	血清学鉴定	1. 培养物自凝性检查，结果判定准确 2. 多价O抗原鉴定，结果判定准确 3. 多H抗原鉴定，结果判定准确	10分	
	结果判定	结合分离培养、生化试验及血清学结果，判定样品中沙门菌检出/25g（mL）或未检出/25g（mL）	5分	
实验报告	实验器材清洗与消毒	实验结束后，及时清洗和消毒实验器材，确保器材无残留污染	5分	
	实验室清洁与整理	保持实验室整洁，将实验废弃物妥善处理	5分	
	实验报告撰写	撰写详细的实验报告，包括实验目的、实验步骤、实验结果和实验结论等。报告格式规范，注明"检出/25g（mL）沙门菌"或"未检出/25g（mL）"	5分	
	数据分析与讨论	对实验结果进行数据分析，讨论可能的影响因素和改进措施	5分	
合计			100分	

目标检测

答案解析

1. 沙门菌检测中常见的假阴性原因有哪些？

2. 在沙门菌的检验中，为什么要先后进行预增菌和选择性增菌？

任务三 食品中单核细胞增生李斯特菌的测定

【知识学习】

(一) 卫生学意义

单核细胞增生李斯特菌（*Listeria monocytogenes*），简称单增李斯特菌，是一种重要的食源性致病菌，属于李斯特菌属。1926 年英国南非裔科学家穆里在病死的兔子体内首次发现该菌，为纪念近代消毒手术之父、英国生理学家约瑟夫·李斯特（1827—1912），1940 年该菌被第三届国际微生物学大会命名为李斯特菌，它能够引起人畜共患，感染后主要表现为败血症、脑膜炎和单核细胞增多等症状，严重时甚至危及生命。

单核细胞增生李斯特菌广泛存在于自然界中，包括土壤、水、粪便、青贮饲料和干草等环境中。据报道，健康人粪便中单增李斯特菌的携带率为 0.6% ~ 16%，有 70% 的人可短期带菌。它可以通过多种途径污染食品，如食品加工过程中的交叉污染、食品原料的污染以及食品储存和运输过程中的污染等。李斯特菌病多发生于夏秋两季，6 ~ 9 月为发病高峰，常污染肉、奶及其制品、水产品等，在生肉和即食食品中污染率最高。单核细胞增生李斯特菌的生命力顽强，特别是在冷藏食品中，也能够生长繁殖，是威胁人类健康的主要病原菌之一。

1985 年，美国加利福尼亚州很多孕妇和婴儿在食用了 Jalisco 公司生产的"墨西哥风味软奶酪"产品后出现了严重发热、肺炎、腹泻等的症状。经调查，事故原因是没有经过培训的员工错误地将生牛奶和巴氏杀菌奶混合在一起使用。事故最终造成了 142 个病例，52 人死亡，成为美国历史上死亡人数最多的食品安全事故之一。在食品加工中，如果温度控制不当、清洁和消毒不彻底，可能从原料、加工环境和包装材料等途径带来单增李斯特菌污染。由于李斯特菌能够形成生物膜，附着在设备、管道、容器等表面，增加了杀菌的难度。对于单核细胞增生李斯特菌的防治，主要采取以下措施。

（1）食品加工　加强原料检验，保持生产环境的清洁和干燥，加强生产设备和工具的消毒，避免交叉污染和二次污染。严格控制生产过程中的温度，推广冷藏技术，降低食品中单核细胞增生李斯特菌的生长繁殖速度。

（2）个人卫生　认真洗手，保持清洁。充分加热食物，生熟食品分开处理，避免交叉污染。保持冰箱的洁净并定期清理。

(二) 病原学特征

1. 形态和染色　单核细胞增生李斯特菌为革兰阳性短杆菌，大小为 $(0.4 \sim 0.5)\,\mu m \times (0.5 \sim 2.0)\,\mu m$，直或稍弯，多数菌体一端较大，似棒状，常呈 V 字形排列，有的呈丝状，偶尔可见双球状。运动观察，可出现轻微旋转或翻滚样的运动。

2. 培养特性　单核细胞增生李斯特菌的营养要求不高，兼性厌氧，生长温度范围为 2 ~ 42℃（也有报道在 0℃ 能缓慢生长，甚至在 -20℃ 的低温环境下也能存活一年），最适生长温度为 30 ~ 37℃。在 pH 中性至弱碱性（pH9.6）、氧分压略低、二氧化碳分压略高的条件下，该菌生长良好。在固体培养基上，菌落初期极小，水滴样，透明，边缘整齐。经 37℃ 数天培养后，菌落直径可达 2mm，初期菌落光滑、透明，后变灰暗。PALCAM 琼脂平板上为小的圆形灰绿色菌落，周围有棕黑色水解圈，有些菌落有黑色凹陷；在李斯特菌显色平板上为蓝色菌落，菌落周围有一不透明环。在血平板上，菌落有 β 型溶血环。

3. 生化特性　单核细胞增生李斯特菌的生化反应特征包括：触酶阳性，氧化酶阴性；能发酵多种糖类，产酸不产气，如发酵葡萄糖、乳糖、水杨素、麦芽糖、鼠李糖、七叶苷、蔗糖（迟发酵）、山梨醇、海藻糖、果糖等，不发酵木糖、甘露醇、肌醇、阿拉伯糖、侧金盏花醇、棉子糖、卫矛醇和纤维二糖等；不利用枸橼酸盐；40%胆汁不溶解；吲哚、硫化氢、尿素、明胶液化、硝酸盐还原、赖氨酸、鸟氨酸均阴性；VP、甲基红试验和精氨酸水解阳性。

4. 分类 单核细胞增生李斯特菌是李斯特菌属中的一种，也是该属中对人类致病力最强的病原菌。根据菌体（O）抗原和鞭毛（H）抗原，可将单核细胞增生李斯特菌分成 13 个血清型，分别是 1/2a、1/2b、1/2c、3a、3b、3c、4a、4b、4ab、4c、4d、4e 和 "7"。其中，致病菌株的血清型一般为 1/2b、1/2c、3a、3b、3c、4a、1/2a 和 4b，后两型尤多。

5. 抵抗力 单核细胞增生李斯特菌对理化因素的抵抗力较强。在土壤、粪便、青贮饲料和干草内能长期存活。对碱和盐抵抗力强，但对青霉素、氨苄西林、四环素、磺胺等均敏感。加热至 60~70℃ 经 5~20 分钟可杀死，70% 乙醇处理 5 分钟亦可杀死。

6. 致病力 单增李斯特菌为细胞内寄生致病菌，自身不产生内毒素，而是产生具有溶血性质的外毒素。主要通过粪-口途径感染，在消化道中定植，穿过肠道屏障，进入体循环。还可通过眼及破损皮肤、黏膜进入体内而造成感染。一般为肠道感染，通常潜伏期为 8~48 小时，患者会出现发热、肌肉酸疼、恶心、呕吐等症状，大部分人几天即可痊愈。但对于新生儿、老年人、孕妇及免疫功能低下的人群，可能发展为侵袭性李斯特菌病，导致败血症和化脓性脑膜炎，严重时甚至危及生命。孕妇感染后，细菌或会透过胎盘传染给胎儿，造成流产和死胎等。

【任务发布】

根据 GB 4789.30—2025（第一法），进行单核细胞增生李斯特菌的定性检验。

【任务实施】

（一）器材、培养基和试剂准备

1. 设备和材料 除微生物实验室常规灭菌及培养设备外，其他设备和材料如下。

（1）冰箱 2~5℃。

（2）恒温培养箱 (30±1)℃、(36±1)℃。

（3）均质器。

（4）显微镜 10~100 倍。

（5）电子天平 感量 0.1g。

（6）锥形瓶 100、500mL。

（7）无菌吸管 1mL（具 0.01mL 刻度）、10mL（具 0.1mL 刻度）或微量移液器及吸头。

（8）无菌平皿 直径 90mm。

（9）无菌试管 16mm×160mm。

（10）离心管 30mm×100mm。

（11）无菌注射器 1mL。

（12）单核细胞增生李斯特菌（*Listeria monocytogenes*）ATCC 19111 或 CMCC 54004，或其他等效标准菌株。

（13）英诺克李斯特菌（*Listeria innocua*）ATCC 33090，或其他等效标准菌株。

（14）伊氏李斯特菌（*Listeria ivanovii*）ATCC 19119，或其他等效标准菌株。

（15）斯氏李斯特菌（*Listeria seeligeri*）ATCC 35967，或其他等效标准菌株。

（16）金黄色葡萄球菌（*Staphylococcus aureus*）ATCC 25923 或其他产 β-溶血环金葡菌，或其他等

效标准菌株。

2. 培养基和试剂

（1）7.5%氯化钠肉汤。

（2）含0.6%酵母浸膏的胰酪胨大豆肉汤（TSB-YE）。

（3）含0.6%酵母浸膏的胰酪胨大豆琼脂（TSA-YE）。

（4）Fraser增菌肉汤FB（FB_1、FB_2）。

（5）1%盐酸吖啶黄（acriflavine HCl）溶液。

（6）1%萘啶酸钠盐（naladixic acid）溶液。

（7）PALCAM琼脂。

（8）革兰染液。

（9）SIM动力培养基。

（10）缓冲葡萄糖蛋白胨水。

（11）5%~8%羊血琼脂。

（12）糖发酵管。

（13）过氧化氢试剂。

（14）oA李斯特菌显色培养基。

（15）生化鉴定试剂盒或全自动微生物鉴定系统。

（16）缓冲蛋白胨水。

（二）检验操作步骤

1. 增菌 以无菌操作取样品25g（mL）加入到含有225mL FB_1增菌液的均质袋中，在拍击式均质器上连续均质1~2分钟；或放入盛有225mL FB_1增菌液的均质杯中，以8000~10000r/分钟均质1~2分钟。于（30±1）℃培养（24±2）小时，移取0.1mL，转种于10mL FB_2增菌液内，于（30±1）℃培养（24±2）小时。

2. 分离 FB_2二次增菌液划线接种于OA李斯特菌显色平板和PALCAM琼脂平板，于（36±1）℃培养24~48小时，观察各个平板上生长的菌落。典型菌落在PALCAM琼脂平板上形成直径为1~3mm的圆形灰绿色菌落，周围有棕黑色水解圈，培养48小时后，有些菌落有黑色凹陷；在OA李斯特菌显色平板上形成直径为1~3mm的圆形蓝绿色菌落，周围有不透明的晕圈。

3. 纯培养 从每个平板中挑取3~5个典型或可疑菌落（少于3个全选），在TSA-YE平板或羊血平板上划线，于（36±1）℃培养18~24小时。单核细胞增生李斯特菌在TSA-YE平板或羊血平板上，呈灰白色，半透明，边缘整齐，露滴状菌落、直径为1~2mm。

4. 初步鉴定 挑取TSA-YE平板或羊血平板上的单个菌落，接种木糖、鼠李糖发酵管，于（36±1）℃培养（24±2）小时；同时在TSA-YE平板或羊血平板上划线，于（36±1）℃培养18~24小时，以获取下一步鉴定用的纯培养物。然后选择木糖阴性，鼠李糖阳性的纯培养物继续进行鉴定。

5. 鉴定

（1）染色镜检 李斯特菌为革兰阳性短杆菌，大小为（0.4~0.5）μm×（0.5~2.0）μm；用生理盐水制成菌悬液，在油镜或相差显微镜下观察，该菌出现轻微旋转或翻滚样的运动。

（2）动力试验 挑取纯培养的单个可疑菌落穿刺半固体或SIM动力培养基，于25~30℃培养48小时，李斯特菌有动力，在半固体或SIM培养基上方呈伞状生长，如伞状生长不明显，可继续培养5天，再观察结果。

（3）生化鉴定 挑取纯培养的单个可疑菌落，进行过氧化氢酶试验，过氧化氢酶阳性反应的菌落继续进行糖发酵试验和MR-VP试验。单核细胞增生李斯特菌的主要生化特征见表6-7。

（4）溶血试验　将新鲜的羊血琼脂平板底面划分为 20~25 个小格，挑取纯培养的单个可疑菌落刺种到血平板上，每格刺种一个菌落，并刺种阳性对照菌（单增李斯特菌、伊氏李斯特菌和斯氏李斯特菌）和阴性对照菌（英诺克李斯特菌），穿刺时尽量接近底部，但不要触到底面，同时避免琼脂破裂，(36±1)℃培养 24~48 小时，于明亮处观察，单增李斯特菌呈现狭窄、清晰、明亮的溶血圈，斯氏李斯特菌在刺种点周围产生弱的透明溶血圈，英诺克李斯特菌无溶血圈，伊氏李斯特菌产生宽的、轮廓清晰的 β-溶血区域，若结果不明显，可置 4℃冰箱 24~48 小时再观察。也可用划线接种法（表 6-7）。

表 6-7　单核细胞增生李斯特菌生化特征与其他李斯特菌的区别

菌种	木糖	鼠李糖	葡萄糖	麦芽糖	甘露醇	七叶苷	MR-VP	溶血反应
单核细胞增生李斯特菌	−	+	+	+	−	+	+/+	+
格李斯特菌	−	−	+	+	+	+	+/+	−
斯李斯特菌	+	−	+	+	−	+	+/+	+
威李斯特菌	+	V	+	+	−	+	+/+	−
伊李斯特菌	+	−	+	+	−	+	+/+	+
英诺克李斯特菌	−	V	+	+	−	+	+/+	−

注：+ 为阳性；− 为阴性；V 为反应不定。

6. 结果与报告　综合以上生化试验和溶血试验的结果，报告 25g（mL）样品中检出或未检出单核细胞增生李斯特菌。未检出也可报告为 0/25g（mL）。

（三）注意事项

（1）增菌时间不足或温度偏差可能导致漏检，需严格按标准条件操作。

（2）溶血试验时，单增李斯特菌和斯氏李斯特菌在刺种点周围产生狭小的透明溶血环；英诺克李斯特菌无溶血环；伊氏李斯特菌产生大的透明溶血环。

（3）选做协同溶血（CAMP）试验时，靠近金黄色葡萄球菌接种点的单增李斯特菌的溶血增强，西尔李斯特菌的溶血也增强，绵羊李斯特菌在马红细胞附近的溶血增强。

【任务考核】

单核细胞增生李斯特菌测定的考核（GB 4789.30—2025（第一法））

考核点		考核内容	分值	记录
实验准备	实验室环境准备	确保实验室整洁，无菌操作台、超净工作台等设备运行正常	5分	
	实验器材准备	正确选择和准备无菌试管、无菌培养皿、无菌接种环、无菌移液器、培养基、无菌水等	5分	
	样品准备	按照标准方法对样品进行采集、处理和保存，确保样品无污染	5分	
	安全防护	穿戴好实验服、手套、口罩等防护用品，确保实验过程安全	5分	
实验操作	样品处理与增菌	1. 无菌操作称取 25g（mL）样品加入 225mL FB$_1$ 增菌液，均质； 2. (30±1)℃培养 24 小时后，转种 0.1mL 至 10mL FB$_2$ 增菌液，(30±1)℃继续培养 24 小时	5分	
	分离培养	1. 取增菌液划线接种至 PALCAM 琼脂平板和 OA 李斯特菌显色培养基 2. (36±1)℃培养 48 小时，观察菌落特征。PALCAM 平板上典型菌落：灰绿色，带黑色凹陷和黑色环；OA 李斯特菌显色培养基上菌落呈蓝绿色，周围有不透明的晕圈	10分	

续表

考核点		考核内容	分值	记录
实验操作	纯培养和初步鉴定	1. 挑取可疑菌落分别接种木糖、鼠李糖发酵管，于（36±1）℃培养24小时 2. 接种 TSA - YE 平板纯化，（36±1）℃培养24小时	10分	
	鉴定	1. 革兰染色：革兰阳性短杆菌，呈 V 形或栅栏状排列 2. 动力试验：半固体培养基穿刺接种，25℃培养48小时，伞状生长 3. 过氧化氢酶试验阳性 4. 糖发酵试验和 MR - VP 试验	20分	
	溶血试验	新鲜的羊血琼脂平板接种，（36±1）℃培养24～48小时，观察 β - 溶血环。	10分	
	结果判定与报告	综合分离培养、生化试验及溶血试验结果，判定是否为单核细胞增生李斯特菌	5分	
实验报告	实验器材清洗与消毒	实验结束后，及时清洗和消毒实验器材，确保器材无残留污染	5分	
	实验室清洁与整理	保持实验室整洁，将实验废弃物妥善处理	5分	
	实验报告撰写	撰写详细的实验报告，包括实验目的、实验步骤、实验结果和实验结论等。报告格式规范，注明"检出/25g（mL）"或"未检出/25g（mL）"	5分	
	数据分析与讨论	对实验结果进行数据分析，讨论可能的影响因素和改进措施	5分	
合计			100分	

目标检测

答案解析

1. 单核细胞增生李斯特菌检测中前增菌和选择性增菌各阶段培养基的作用是什么？
2. 分离培养中如何通过培养基特性区分单核细胞增生李斯特菌与其他李斯特菌？

任务四　食品中致泻大肠埃希菌的测定

【知识学习】

（一）卫生学意义

致泻大肠埃希菌（diarrheagenic *Escherichia coli*，DEC）是一类能引起人体以腹泻症状为主的大肠埃希菌。这类细菌广泛存在于自然界中，是导致腹泻性疾病的重要病原体之一，也是食品微生物检验中的重要目标之一。

致泻大肠埃希菌主要来源于人和温血动物的粪便。夏季是感染致泻大肠埃希菌的高峰期。常见的污染食品包括肉和肉制品、奶和奶制品、蛋和蛋制品、蔬菜、水果和饮料等。工厂、学校的集体食堂是其爆发的常见地点，部分卫生状况较差的农村地区通常是散发病例感染的常见地点。致泻大肠埃希菌引起的感染症状各不相同，常见症状包括水样便、腹痛、恶心、发热、粪便中有少量黏液和血等，婴幼儿多表现为2周以上的持续性腹泻。我国国家标准、出入境检验检疫行业标准，以及美国 FDA、丹麦 SSI 均采用普通 PCR、多重普通 PCR 和实时荧光定量 PCR 进行 DEC 的筛选和鉴定。对于预包装食品，我国

《食品安全国家标准　食品中致病菌限量》（GB 29921—2021）对肉制品中的牛肉制品、即食生肉制品、发酵肉制品类，即食果蔬制品中的去皮或预切的水果、去皮或预切的蔬菜及上述类别混合食品规定了致泻大肠埃希菌的限量要求。

国内外因致泻大肠埃希菌污染造成的食品安全事故屡见不鲜。在食品加工、储存和运输过程中，如果环境卫生条件不佳或操作不规范，食品可能被这些细菌污染。防治致泻大肠埃希菌污染的关键在于加强食品卫生管理。食品生产经营企业应严格遵守食品安全法规，加强原料采购、生产加工、储存运输等环节的卫生控制，防止微生物污染和交叉污染，加强对操作人员的教育和培训。同时，监管部门应加强对食品企业的监督检查，确保食品质量和安全。此外，消费者在购买和食用食品时也应注意个人卫生和食品安全，如勤洗手、选择新鲜食品、生食果蔬应清洗干净、畜肉及其制品应充分加热等。

（二）病原学特征

1. 形态和染色　大肠埃希菌为革兰阴性杆菌，大小为（0.4~0.7）μm ×（1~3）μm，无芽孢，有周身鞭毛，多数有菌毛，部分有荚膜。在显微镜下观察，其形态多为短杆状，排列整齐。

2. 培养特性　大肠埃希菌在营养丰富的培养基上生长良好，菌落呈圆形，边缘整齐，表面光滑，湿润，隆起，无色或灰白色。在麦康凯琼脂培养基上，大肠埃希菌可形成粉红色菌落，这是由于该培养基中含有牛胆盐和结晶紫，可抑制革兰阳性菌的生长，而大肠埃希菌发酵乳糖产酸时，菌落会呈现粉红色并在菌落周围出现胆盐沉淀的浑浊圈。

3. 生化特性　大肠埃希菌具有一系列典型的生化反应特征。能发酵葡萄糖等多种糖类，产酸产气，硫化氢阴性，在三糖铁琼脂培养基上，大肠埃希菌底层产酸、产气，斜面产酸，有时因产气而冲破斜面。吲哚试验阳性。甲基红试验阳性。VP 试验阴性或弱阳性。柠檬酸盐利用试验阳性。

4. 分类　分类学上属于肠杆菌科大肠埃希菌属。按优先定植部位、致病机制等不同，致泻大肠埃希菌主要包括以下 5 种。

（1）**肠道致病性大肠埃希菌**（enteropathogenic *E. coli*，EPEC）　能够引起宿主肠黏膜上皮细胞黏附及擦拭性损伤，且不产生志贺毒素的大肠埃希菌。该菌是婴幼儿腹泻的主要病原菌，有高度传染性，严重者可致死，是仅次于鼠伤寒沙门菌的致死性食源性疾病病原。

（2）**肠道侵袭性大肠埃希菌**（enteroinvasive *E. coli*，EIEC）　能够侵入肠道上皮细胞而引起痢疾样腹泻的大肠埃希菌。该菌无动力、不发生赖氨酸脱羧反应、不发酵乳糖，生化反应和抗原结构均近似痢疾志贺菌。侵入上皮细胞的关键基因是侵袭性质粒上的抗原编码基因及其调控基因，如 *ipaH* 基因、*ipaR* 基因（又称为 *invE* 基因）。

（3）**产肠毒素大肠埃希菌**（enterotoxigenic *E. coli*，ETEC）　能够分泌热稳定性肠毒素和（或）热不稳定性肠毒素的大肠埃希菌。该菌可引起婴幼儿和旅游者腹泻，一般呈轻度水样腹泻，也可呈严重的霍乱样症状，低热或不发热。腹泻常为自限性，一般 2~3 天即自愈。

（4）**产志贺毒素大肠埃希菌**（shiga toxin - producing *E. coli*，STEC）　能够分泌志贺毒素、引起宿主肠黏膜上皮细胞黏附及擦拭性损伤的大肠埃希菌。有些产志贺毒素大肠埃希菌在临床上引起人类出血性结肠炎（HC）或血性腹泻，并可进一步发展为溶血性尿毒综合征（HUS），这类产志贺毒素大肠埃希菌为肠道出血性大肠埃希菌。

（5）**肠道集聚性大肠埃希菌**（enteroaggregative *E. coli*，EAEC）　不侵入肠道上皮细胞，但能引起肠道液体蓄积。不产生热稳定性肠毒素或热不稳定性肠毒素，也不产生志贺毒素。唯一特征是能对 Hep - 2 细胞形成集聚性黏附，也称 Hep - 2 细胞黏附性大肠埃希菌。

我国门诊腹泻患者中致泻大肠埃希菌流行特征分析表明，致病型以 EAEC、ETEC 和 EPEC 为主。

5. 抵抗力 大肠埃希菌对理化因素的抵抗力较弱。56℃加热 15 分钟可被杀死，对常用消毒剂如漂白粉、石炭酸等敏感。但在自然环境中，由于存在各种保护因素（如有机物、土壤等），大肠埃希菌的存活时间可能延长。

6. 致病力 致泻大肠埃希菌的致病力与其毒力因子密切相关。这些毒力因子包括黏附素、毒素、侵袭素等。黏附素使细菌能够紧密黏附于肠上皮细胞表面，避免被肠道蠕动排出；毒素则直接作用于肠上皮细胞，引起细胞损伤和炎症反应，包括志贺毒素 I 和 II（Stx-1、Stx-2）、耐热肠毒素 a 和 b（STa、STb）、不耐热肠毒素 I 和 II（LT-I、LT-II）和溶血素 A（HlyA）等。侵袭素则使细菌能够侵入肠上皮细胞并在其中增殖。不同种类的致泻大肠埃希菌具有不同的毒力因子组合和致病机制，引起的感染症状各不相同。常见的症状包括水样腹泻、腹痛、恶心、发热、粪便中有少量黏液和血等，婴幼儿多表现为 2 周以上的持续性腹泻。对于危害较大的肠出血性大肠埃希菌，人感染后 4~9 天后发病，腹泻后排菌时间可达 2~62 天，常有突发性的腹部痉挛，有时类似于阑尾炎的疼痛，并由水样便，转为血性腹泻，发展为溶血性尿毒综合征（溶血性贫血、急性肾衰竭及出血倾向）和血栓性血小板减少性紫癜等多器官损害，病情严重者死亡。

【任务发布】

根据 GB 4789.6—2016，进行致泻大肠埃希菌的定性检验。

【任务实施】

（一）器材、培养基和试剂准备

1. 设备和材料 除微生物实验室常规灭菌及培养设备外，其他设备和材料如下。

（1）恒温培养箱 （36±1）℃，（42±1）℃。

（2）冰箱 2~5℃。

（3）恒温水浴箱 （50±1）℃，100℃或适配 1.5mL 或 2.0mL 金属浴（95~100℃）。

（4）电子天平 感量为 0.1g 和 0.01g。

（5）显微镜 10~100 倍。

（6）均质器。

（7）振荡器。

（8）无菌吸管 1mL（具 0.01mL 刻度）、10mL（具 0.1mL 刻度）或微量移液器及吸头。

（9）无菌均质杯或无菌均质袋 容量 500mL。

（10）无菌培养皿 直径 90mm。

（11）pH 计或精密 pH 试纸。

（12）微量离心管 1.5mL 或 2.0mL。

（13）接种环 1μL。

（14）低温高速离心机 转速≥13000r/min，控温 4~8℃。

（15）微生物鉴定系统。

（16）PCR 仪。

（17）微量移液器及吸头 0.5~2μL，2~20μL，20~200μL，200~1000μL。

（18）水平电泳仪　包括电源、电泳槽、制胶槽（长度 >10cm）和梳子。

（19）8 联排管和 8 联排盖（平盖/凸盖）。

（20）凝胶成像仪。

2. 培养基和试剂

（1）营养肉汤。

（2）肠道菌增菌肉汤。

（3）麦康凯琼脂（MAC）。

（4）伊红 - 亚甲蓝琼脂（EMB）。

（5）三糖铁（TSI）琼脂。

（6）蛋白胨水。

（7）靛基质试剂。

（8）半固体琼脂。

（9）尿素琼脂（pH7.2）。

（10）氰化钾（KCN）培养基。

（11）氧化酶试剂。

（12）革兰染色液。

（13）BHI 肉汤。

（14）福尔马林（含 38%~40% 甲醛）。

（15）鉴定试剂盒。

（16）大肠埃希菌诊断血清。

（17）灭菌去离子水。

（18）0.85% 灭菌生理盐水。

（19）TE（pH8.0）。

（20）10×PCR 反应缓冲液。

（21）25mmol/L 氯化镁溶液。

（22）dNTPs：dATP、dTTP、dGTP、dCTP 每种浓度为 2.5mmol/L。

（23）5U/L Taq 酶。

（24）引物。

（25）50×TAE 电泳缓冲液。

（26）琼脂糖。

（二）检验操作步骤

1. 样品制备　以无菌操作取样品 25g（mL）加入含有 225mL 营养肉汤的均质袋中，在拍击式均质器上连续均质 1~2 分钟；或放入盛有 225mL 营养肉汤的均质杯中，以 8000~10000r/min 均质 1~2 分钟。

2. 增菌培养　将制备的样品匀液于（36±1）℃培养 6 小时。取 10μL，接种于 30mL 肠道菌增菌肉汤管内，于（42±1）℃培养 18 小时。

3. 分离培养　将增菌液划线接种 MAC 和 EMB 琼脂平板，于（36±1）℃培养 18~24 小时，观察菌落特征。在 MAC 琼脂平板上，分解乳糖的典型菌落为砖红色至桃红色，不分解乳糖的菌落为无色或淡粉色；在 EMB 琼脂平板上，分解乳糖的典型菌落为中心紫黑色带或不带金属光泽，不分解乳糖的菌落为无色或淡粉色。

4. 生化检验 选取平板上的可疑菌落 10 ~ 20 个（10 个以下全选），应挑取乳糖发酵，以及乳糖不发酵和迟缓发酵的菌落，分别接种 TSI 斜面。同时将这些培养物分别接种蛋白胨水、尿素琼脂（pH7.2）和 KCN 肉汤。于（36 ± 1）℃培养 18 ~ 24 小时。TSI 斜面产酸或不产酸，底层产酸，靛基质阳性，H_2S 阴性和尿素酶阴性的培养物为大肠埃希菌。TSI 斜面底层不产酸，或 H_2S、KCN、尿素有任一项为阳性的培养物，均非大肠埃希菌。必要时做革兰染色和氧化酶试验。大肠埃希菌为革兰阴性杆菌，氧化酶阴性。

5. PCR 确认试验 使用 1μL 接种环刮取营养琼脂平板或斜面上培养 18 ~ 24 小时的菌落，悬浮在 200μL 0.85% 灭菌生理盐水中，充分打散制成菌悬液，于 13000r/min 离心 3 分钟，弃掉上清液。加入 1mL 灭菌去离子水充分混匀菌体，于 100℃水浴或者金属浴维持 10 分钟；冰浴冷却后，13000r/min 离心 3 分钟，收集上清液；按 1∶10 的比例用灭菌去离子水稀释上清液，取 2μL 作为 PCR 检测的模板；所有处理后的 DNA 模板直接用于 PCR 反应或暂存于 4℃并当天进行 PCR 反应；否则，应在 −20℃以下保存备用（1 周内）。

6. 血清学试验（选做） 取 PCR 试验确认为致泻大肠埃希菌的菌株进行血清学试验。分别进行 O 抗原和 H 抗原鉴定。

7. 结果报告 根据生化试验、PCR 确认试验的结果，报告 25g（或 25mL）样品中检出或未检出某类致泻大肠埃希菌。如果进行血清学试验，根据血清学试验的结果，报告 25g（或 25mL）样品中检出的某类致泻大肠埃希菌血清型别。

（三）操作注意事项

（1）对易产生较大颗粒的样品（如肉类）进行检测时，建议使用带滤网均质袋，以便均质后用吸管吸取匀液。

（2）取前增菌液接种肠道菌增菌肉汤后需在（42 ± 1）℃温度下进行培养，该温度范围内培养有助于抑制非肠道菌生长。

（3）分离划线用直径 3mm 的接种环（1 环约 10μL）。

（4）可疑菌落的选取，应是每个琼脂平板上分别取 10 ~ 20 个（10 个以下的全选）乳糖发酵和不发酵的菌落。

（5）在 TSI 培养时，应将试管口松开，保持管内有充足的氧气，否则由于氧气不足，斜面酸性产物不能氧化恢复红色。

（6）大肠埃希菌 H 抗原在传代中容易丢失或发育不良，需在半固体上传代 3 次，观察生长，如不扩散，则表示 H 抗原丢失，无法做 H 抗原凝集试验。

【任务考核】

致泻大肠埃希菌测定的考核（GB 4789.6—2016）

考核点		考核内容	分值	记录
实验准备	实验室环境准备	确保实验室整洁，无菌操作台、超净工作台等设备运行正常	5 分	
	实验器材准备	正确配置培养基和试剂，核对培养基、试剂的有效期	5 分	

续表

考核点		考核内容	分值	记录
实验准备	样品准备	按照标准方法对样品进行采集、处理和保存，确保样品无污染	5分	
	安全防护	穿戴好实验服、手套、口罩等防护用品，确保实验过程安全	5分	
实验操作	样品处理和增菌	准确称取25g样品（液体样品25mL），进行预增菌和选择性增菌	10分	
	分离培养	1. 从增菌液中划线接种至MAC和EMB琼脂平板，操作规范，保证单菌落分离 2. 观察菌落形态，正确识别典型菌落	10分	
	生化鉴定	正确操作生化鉴定试验，结果判定准确	15分	
	PCR确认试验	取生化反应符合大肠埃希菌特征的菌落进行PCR试验，准确添加反应体系，正确操作PCR仪，独立完成琼脂糖电泳	20分	
	结果判定	结合生化试验、PCR确认试验结果，判定是否为致泻大肠埃希菌	5分	
实验报告	实验器材清洗与消毒	实验结束后，及时清洗和消毒实验器材，确保器材无残留污染	5分	
	实验室清洁与整理	保持实验室整洁，将实验废弃物妥善处理	5分	
	实验报告撰写	撰写详细的实验报告，包括实验目的、实验步骤、实验结果和实验结论等。报告格式规范，注明检出或未检出（25g或25mL）	5分	
	数据分析与讨论	对实验结果进行数据分析，讨论可能的影响因素和改进措施	5分	
合计			100分	

目标检测

答案解析

1. 致泻大肠埃希菌污染的高风险食品有哪些？
2. 致泻大肠埃希菌的检验原理是什么？

任务五　食品中副溶血弧菌的测定

【知识学习】

（一）卫生学意义

副溶血弧菌（*Vibrio parahaemolyticus*），也被称为嗜盐菌，广泛存在于海水、海底沉积物以及海产品中。1950年，从日本大阪市一起咸沙丁鱼食物中毒的患者肠道排泄物和食物中首次分离出副溶血性弧菌。它是一种重要的食源性病原菌，主要引起食物中毒和急性胃肠炎，是沿海地区发生细菌性食物中毒的主要致病菌。

副溶血性弧菌主要存在于海产动物的体表或者肠道内，通过海鲜如鱼、虾、蟹、贝、海蜇等动物性海产品，盐腌渍品，或受到交叉污染的其他食品，进入食用者的体内。夏秋季是副溶血性弧菌引起的食源性疾病的高发季节，被污染的食品在加工、储存或烹饪过程中，若未能有效杀灭副溶血弧菌，就可能导致消费者食物中毒。副溶血性弧菌引起的食物中毒案例在世界各地均有报道，以东南亚及我国沿海地区发病率较高。由于海鲜空运，内地城市病例也逐渐增多。我国《食品安全国家标准　食品中致病菌限量》（GB 29921—2021）对水产制品和即食调味品规定了副溶血弧菌的限量要求。

对于副溶血弧菌的防治，食品企业应加强源头污染控制，在储存和运输过程中保持低温环境，以抑制副溶血弧菌的生长。消费者尽量避免生食或半生食水产品，防止生熟食物操作时交叉污染，动物性食品在食用前应煮熟煮透。

（二）病原学特征

1. 形态和染色　副溶血弧菌是一种革兰阴性菌，菌体形态多样，包括卵圆形、棒状、球杆状、丝状和弧形等。菌体一端有单鞭毛，运动活泼，无芽孢，无荚膜。在染色时，副溶血弧菌呈现两极浓染的特征。

2. 培养特性　副溶血弧菌兼性厌氧，是一种嗜盐性细菌。营养要求不高，在普通培养基中加入适量 NaCl 即可生长。在无盐培养基中，副溶血弧菌无法生长。最适盐度为 3%～4%，最适生长温度为 3～37℃。适宜生长的 pH 为 7.5～8.5，以 pH 7.7 为最佳，在 pH 低于 6 的酸性条件下生长不佳。在固体培养基上，副溶血弧菌形成的菌落边缘不整齐，凸起、光滑湿润且不透明。菌落颜色可能因培养基类型而异，如在副溶血性弧菌专用选择培养基上形成绿色菌落。

3. 生化特性　副溶血弧菌能发酵多种糖类，如葡萄糖、麦芽糖、甘露醇、蕈糖和淀粉，产酸不产气。然而，它不能利用乳糖、蔗糖、肌醇、木糖等糖类。此外，副溶血弧菌的氧化酶试验呈现阳性，赖氨酸脱缩酶和鸟氨酸脱缩酶试验也呈现阳性，而二精氨酸脱缩酶试验呈现阴性。在神奈川试验中，致病性副溶血弧菌能使人或兔红细胞发生溶血，对马红细胞则不溶血。这一试验是鉴定致病性与非致病性菌株的重要指标。

4. 分类　副溶血弧菌属于细菌界、变形菌门、γ-变形菌纲、弧菌目、弧菌科、弧菌属。其拉丁学名为 *Vibrio Parahaemolyticus*，简称 VP。副溶血弧菌具有多种抗原类型，包括 O 抗原（菌体抗原）、K 抗原（荚膜抗原）和 H 抗原（鞭毛抗原）。这些抗原在血清学分类和鉴定中具有重要意义。

5. 抵抗力　副溶血弧菌的抵抗力相对较弱。它对热敏感，加热至 56℃ 时 5～10 分钟即可灭活；在更高温度下，如 80℃ 时 1～3 分钟即死亡。此外，副溶血弧菌对酸也很敏感，在 2% 醋酸或普通食醋中 1～3 分钟即可被杀死。对常用消毒剂如氯、石炭酸、来苏尔溶液等也表现出较弱的抵抗力。然而，在特定条件下，如低温和高盐环境中，副溶血弧菌的存活能力较强。它能在海水中存活 40 天以上，甚至在干燥的食盐里也可存活很久。如果污染了抹布和砧板，可在上面存活一个月以上。此外，副溶血弧菌对磺胺噻唑、氯霉素、合霉素等药物敏感，但对青霉素和磺胺嘧啶等药物具有耐药性。

6. 致病力　副溶血弧菌的致病力包括溶血活性、肠毒性和细胞毒性，主要与其产生的毒素密切相关。这些毒素包括耐热性直接溶血素（TDH）、TDH 相关溶血素（TRH），具有溶血作用、细胞致死作用、肠毒性和心脏毒性等生物活性。副溶血弧菌食物中毒的潜伏期通常为 3～24 小时。当人体摄入被副溶血弧菌污染的食物后，这些毒素会在肠道内发挥作用，导致肠上皮细胞和黏膜下组织发生病变。病初可表现为腹部不适或胃部痉挛，发病 5～6 小时后出现剧烈腹痛，表现为脐部阵发性绞痛，多伴有恶心、呕吐、腹泻、发热、头痛等，腹泻患者大便似水样，便中混有黏液或脓血。重症患者可因脱水造成皮肤干燥及血压下降，最终导致休克。

【任务发布】

根据《食品安全国家标准　食品微生物学检验　副溶血性弧菌检验》（GB 4789.7—2013），进行副溶血弧菌的定量检测。

【任务实施】

（一）器材、培养基和试剂准备

1. 设备和材料　除微生物实验室常规灭菌及培养设备外，其他设备和材料如下。

（1）恒温培养箱　（36±1）℃。

（2）冰箱　2~5℃、7~10℃。

（3）恒温水浴箱　（36±1）℃。

（4）均质器或无菌乳钵。

（5）天平　感量0.1g。

（6）无菌试管　18mm×180mm、15mm×100mm。

（7）无菌吸管　1mL（具0.01mL刻度）、10mL（具0.1mL刻度）或微量移液器及吸头。

（8）无菌锥形瓶　容量250、500、1000mL。

（9）无菌培养皿　直径90mm。

（10）无菌手术剪、镊子。

2. 培养基和试剂

（1）3%氯化钠碱性蛋白胨水。

（2）硫代硫酸盐-柠檬酸盐-胆盐-蔗糖（TCBS）琼脂。

（3）3%氯化钠胰蛋白胨大豆琼脂。

（4）3%氯化钠三糖铁琼脂。

（5）3%氯化钠溶液。

（6）氧化酶试剂。

（7）我妻氏血琼脂。

（8）革兰染色液。

（9）弧菌显色培养基。

（10）副溶血性弧菌细菌生化鉴定盒。

（二）检验操作步骤

1. 样品制备　以无菌操作取样品25g（mL），加入3%氯化钠碱性蛋白胨水225mL，用旋转刀片式均质器以8000r/min均质1分钟，或拍击式均质器拍击2分钟，制备成1∶10的样品匀液。用无菌吸管吸取1∶10样品匀液1mL，注入含有9mL 3%氯化钠碱性蛋白胨水的试管内，振摇试管混匀，制备1∶100的样品匀液。另取1mL无菌吸管，依次制备10倍系列稀释样品匀液，每递增稀释一次，换用一支1mL无菌吸管。根据对被检查样污染情况的估计，选择3个适宜的连续稀释度，每个稀释度接种3支含有9mL 3%氯化钠碱性蛋白胨水的试管，每管接种1mL。置（36±1）℃恒温箱内，培养8~18小时。

2. 分离　对所有显示生长的增菌液，用接种环在距离液面以下1cm内蘸取一环增菌液，于TCBS平板或弧菌显色培养基平板上划线分离。一支试管划线一块平板。于（36±1）℃培养18~24小时。典型的副溶血性弧菌在TCBS上呈圆形、半透明、表面光滑的绿色菌落，用接种环轻触，有类似口香糖的质感，直径2~3mm。从培养箱取出TCBS平板后，应尽快（不超过1小时）挑取菌落或标记要挑取的菌落。典型的副溶血性弧菌在弧菌显色培养基上的特征按照产品说明进行判定。

3. 纯培养　挑取3个或以上可疑菌落，划线接种3%氯化钠胰蛋白胨大豆琼脂平板，（36±1）℃培养18~24小时。

4. 鉴定

（1）氧化酶试验　挑选纯培养的单个菌落进行氧化酶试验，副溶血性弧菌为氧化酶阳性。

（2）涂片镜检　将可疑菌落涂片，进行革兰染色，镜检观察形态。副溶血性弧菌为革兰阴性，呈棒状、弧状、卵圆状等多形态，无芽孢，有鞭毛。

（3）三糖铁试验　挑取纯培养的单个可疑菌落，转种3%氯化钠三糖铁琼脂斜面并穿刺底层，（36±1）℃培养24小时观察结果。副溶血性弧菌在3%氯化钠三糖铁琼脂中的反应为底层变黄不变黑，无气泡，斜面颜色不变或红色加深，有动力。

（4）其他生化鉴定　取鉴定条及悬浮培养基，使用前平衡至室温；开启氧化酶试剂；挑取纯培养的可疑单个菌落接种于悬浮培养基中，制成0.5麦氏浊度的均一菌悬液；用微量移液器小心注入菌悬液于分液槽中，确保菌液流入各反应孔中，将已接种的鉴定条等置（36±1）℃下培养。培养完毕，读取蔗糖、葡萄糖、甘露醇、赖氨酸脱羧酶、VP、ONPG、嗜盐性等试验结果。

5. 神奈川试验（选做项目）　是在我妻氏琼脂上测试是否存在特定溶血素。神奈川试验阳性结果与副溶血性弧菌分离株的致病性显著相关。用接种环将测试菌株的3%氯化钠胰蛋白胨大豆琼脂18小时培养物点种于表面干燥的我妻氏血琼脂平板。每个平板上可以环状点种几个菌。（36±1）℃培养不超过24小时，并立即观察。阳性结果为菌落周围呈半透明环的β溶血。

6. 结果报告　根据证实为副溶血性弧菌阳性的试管管数，查最可能数（MPN）检索表（表6-8），报告每克（毫升）副溶血性弧菌的MPN值。

表6-8　副溶血性弧菌最可能数（MPN）检索表

阳性管数			MPN	95%可信限		阳性管数			MPN	95%可信限	
0.10	0.01	0.001		下限	上限	0.10	0.01	0.001		下限	上限
0	0	0	<3.0		9.5	2	2	0	21	4.5	42
0	0	1	3.0	0.15	9.6	2	2	1	28	8.7	94
0	1	0	3.0	0.15	11	2	2	2	35	8.7	94
0	1	1	6.1	1.2	18	2	3	0	29	8.7	94
0	2	0	6.2	1.2	18	2	3	1	36	8.7	94
0	3	0	9.4	3.6	38	3	0	0	23	4.6	94
1	0	0	3.6	0.17	18	3	0	1	38	8.7	110
1	0	1	7.2	1.3	18	3	0	2	64	17	180
1	0	2	11	3.6	38	3	1	0	43	9	180
1	1	0	7.4	1.3	20	3	1	1	75	17	200
1	1	1	11	3.6	38	3	1	2	120	37	420
1	2	0	11	3.6	42	3	1	3	160	40	420
1	2	1	15	4.5	42	3	2	0	93	18	420
1	3	0	16	4.5	42	3	2	1	150	37	420
2	0	0	9.2	1.4	38	3	2	2	210	40	430
2	0	1	14	3.6	42	3	2	3	290	90	1000
2	0	2	20	4.5	42	3	3	0	240	42	1000
2	1	0	15	3.7	42	3	3	1	460	90	2000

续表

阳性管数			MPN	95% 可信限		阳性管数			MPN	95% 可信限	
0.10	0.01	0.001		下限	上限	0.10	0.01	0.001		下限	上限
2	1	1	20	4.5	42	3	3	2	1100	180	4100
2	1	2	27	8.7	94	3	3	3	>1100	420	—

注1：本表采用 3 个稀释度 [0.1、0.01、0.001g（mL）]，每个稀释度接种 3 管。

注2：表内所列检样量如改用 1、0.1、0.01g（mL）时，表内数字应相应降低 10 倍；如改用 0.01、0.001、0.0001g（mL）时，则表内数字应相应增加 10 倍，其余类推。

（三）操作注意事项

（1）采样时应注意首先准备好灭菌用具及容器，以无菌操作取有代表性的样品，样品必须尽快送检，不宜存放时间过长，副溶血性弧菌在适宜温度下繁殖较快，但不适于低温生存，在寒冷的情况下容易死亡，防止待检材料冷冻，以免影响检验结果。

（2）非冷冻样品采集后应立即置 7~10℃ 冰箱保存，尽可能及早检验；冷冻样品应在 45℃ 以下不超过 15 分钟或在 2~5℃ 不超过 18 小时解冻。

（3）鱼类和头足类动物取表面组织、肠或鳃。贝类取全部内容物，包括贝肉和体液；甲壳类取整个动物，或者动物的中心部分，包括肠和鳃。如为带壳贝类或甲壳类，则应先在自来水中洗刷外壳并甩干表面水分，然后以无菌操作打开外壳，按上述要求取相应部分。

【任务考核】

副溶血弧菌测定的考核（GB 4789.7—2013）

考核点		考核内容	分值	记录
实验准备	实验室环境准备	确保实验室整洁，无菌操作台、超净工作台等设备运行正常	5分	
	实验器材准备	正确配置培养基和试剂，核对培养基、试剂、诊断血清的有效期	5分	
	样品准备	按照标准方法对样品进行采集、处理和保存，确保样品无污染	5分	
	安全防护	穿戴好实验服、手套、口罩等防护用品，确保实验过程安全	5分	
实验操作	样品处理	准确称取 25g 样品（液体样品 25mL），制备的 1:10 样品匀液，梯度稀释	5分	
	增菌培养	选择 3 个适宜的连续稀释度，每个稀释度接种 3 支含有 9mL 3% 氯化钠碱性蛋白胨水的试管。观察浑浊度明确是否达到增菌效果	10分	
	分离培养	从增菌液中划线接种至 TCBS 平板；培养后，观察菌落形态，正确识别典型菌落	10分	
	纯培养	尽快（不超过 1 小时）挑取菌落，划线接种	10分	
	初步鉴定	正确完成氧化酶试验、镜检和三糖铁试验	10分	
	确定鉴定	正确完成其他生化鉴定试验	10分	
	结果判定	正确使用 MPN 表	5分	
实验报告	实验器材清洗与消毒	实验结束后，及时清洗和消毒实验器材，确保器材无残留污染	5分	
	实验室清洁与整理	保持实验室整洁，将实验废弃物妥善处理	5分	
	实验报告撰写	撰写详细的实验报告，包括实验目的、实验步骤、实验结果和实验结论等。报告格式规范，报告每克（毫升）副溶血性弧菌的 MPN 值	5分	

续表

考核点		考核内容	分值	记录
实验报告	数据分析与讨论	对实验结果进行数据分析，讨论可能的影响因素和改进措施	5分	
	合计		100分	

目标检测

答案解析

1. 神奈川试验的意义是什么？

2. 副溶血性弧菌的检验原理是什么？

项目七　食品微生物快检快筛技术

导言

随着人们对食品安全意识的不断提高，食品微生物快检快筛技术，在保障食品安全方面发挥着越来越重要的作用。传统的微生物检验方法，如培养法，虽然准确但耗时较长，检验流程通常为 3~7 天，难以满足现代食品生产和流通中对快速检测的需求。因此，微生物快检快筛技术应运而生，以其快速、准确、灵敏的特点，成为当前食品安全领域的研究热点。快检快筛技术主要依赖于免疫学、分子生物学、生物传感器等现代生物技术，通过特异性识别、扩增或反应，实现对食品中微生物的快速检测和鉴定。这些技术不仅提高了检测效率，还降低了检测成本，推动了食品微生物检验从"事后分析"向"实时监控"转变，为食品安全监管和企业质量控制提供了有力的技术支持。

学习目标

【知识要求】

1. 掌握各类食品微生物快检快筛技术的基本原理。

2. 熟悉不同快检技术的适用场景、操作流程及优缺点。

3. 了解食品快检技术的前沿动态，如微流控芯片、生物传感器、宏基因组测序等技术的应用潜力。

【技能要求】

4. 能够正确操作快速检测仪器，独立完成样品前处理、试剂配制及结果判读；能够解决实际检测中的假阳性或假阴性问题；能够设计微生物快检实验方案，分析检测数据并评估方法的准确性。

【素质要求】

5. 培养严谨的科学态度和规范操作意识，在检测过程中恪守数据真实性原则；强化创新意识与批判性思维，关注技术革新对食品安全的推动作用；树立社会责任感和职业道德，深刻理解快检技术对保障公众健康、促进社会稳定的重要意义，践行"技术为民"的初心使命。

任务一　传统计数改良方法

【知识学习】

传统计数改良方法在食品微生物检验中发挥着重要作用。培养基改良法通过优化培养基成分和条件，提高了目标微生物的检出率和培养效率；滤膜法利用微孔薄膜的过滤作用，实现了对样品中微生物的有效截留和定量测定；测试片法通过微生物在测试片上的生长和显色反应，实现了对样品中微生物的快速筛查和定量测定。然而，这些方法也存在一些局限性，在实际应用中需要根据具体情况选择合适的方法。

（一）培养基改良法

培养基改良法是基于传统微生物培养技术的一种改进方法。传统微生物培养法自19世纪末以来一直是微生物检验和鉴定的主要手段。然而，传统方法存在培养时间长、操作繁琐等缺点。为了克服这些缺点，科学家们开始探索培养基的改良方法，以提高检测效率和准确性。

培养基改良法的核心在于：一方面通过优化培养基的成分和条件，促进目标微生物的快速生长和繁殖。常见的改良手段包括添加生长因子、调节pH值、调整渗透压等。这些改良措施能够为目标微生物提供一个更适宜的生长环境，同时抑制其他微生物的生长，从而缩短培养时间并提高检出率。另一方面利用不同微生物在代谢过程中产生的特异性代谢产物，在目标微生物快速培养的同时，结合生化反应，进一步提高检测的准确性和效率。例如，利用致病菌在代谢过程中产生的特异性的酶，包括糖苷酶、酯酶、脂酶、DNA酶、蛋白酶和磷酸酶等，通过在培养基中加入相应的底物和指示剂，在细菌生长过程中产生荧光或显示一定颜色，利用紫外灯观察细菌产生的荧光或直接观察菌落颜色，可以一次性完成检测、计数和鉴定工作。

培养基改良法已被广泛应用于食品微生物检验中。例如，青岛海博生物公司研制的沙门显色培养基（HB7007-1）可用于各类食品样品中沙门菌的快速检测，样品处理后的增菌培养液，在显色培养基上划线分离，36℃培养22~24小时，沙门菌显紫色，大肠埃希菌和大肠菌群显蓝色，其他细菌显黄色或无色。对可疑菌落纯化后，进一步完成生化试验和血清学试验。法国梅里埃公司研制的Baird-Parker琼脂培养基加兔血浆纤维蛋白原琼脂（rabbit plasma fibrinogen，RPF）培养基，通过培养，生长出的灰色到黑色的且不透明的菌落即为金黄色葡萄球菌，因该培养基中含有兔血浆，所以无需采用血浆凝固酶试验做进一步确认。

与传统方法相比，培养基改良法虽然成本较高，但通过优化培养基成分，提高了目标微生物的检出率。而且培养时间相对较短，提高了检测效率。操作相对简便，易于推广和应用。在使用过程中，必须对培养基进行严格的质量控制，从而为微生物检验提供精准、可靠的检测结果。

（二）滤膜法

滤膜法起源于20世纪中期，最初用于水质监测中大肠菌群等微生物的检测。随着技术的不断发展，滤膜法逐渐应用于食品微生物检验领域。滤膜法的原理是利用微孔薄膜的过滤作用，将样品中的微生物截留在滤膜上，截留后的微生物在滤膜上进行培养和鉴定，从而实现对样品中微生物的定量和定性分析。通过选择合适的滤膜孔径和过滤条件，可以确保目标微生物被有效截留。

滤膜法适用于杂质较少的水样或检测空气中浮菌数，在国内外食品微生物检验中均有广泛应用。例如，世界卫生组织（WHO）和美国环保署（EPA）均推荐使用滤膜法进行水质监测中大肠菌群的检测。我国生活饮用水的水质检验方法《生活饮用水标准检验方法　第12部分：微生物指标》（GB/T 5750.12—2023）规定了滤膜法在总大肠菌群、耐热大肠菌群和大肠埃希菌的应用。

滤膜法的优势在于：能够有效地将微生物截留在滤膜上，与样品中的其他成分分离，减少了杂质对检测结果的干扰，通过冲洗滤膜可以去除供试品中的抑菌成分，提高检测的准确性。滤膜的浓缩效应使得即使样品中微生物含量较低，也能通过过滤和后续培养进行检测，提高了检测的灵敏度。操作简便，结果可靠。但是，滤膜法也存在设备依赖性强、滤膜选择要求、操作相对复杂的限制，应根据供试品的特点和检测要求选择合适的方法。

与传统方法相比，滤膜法具有高度的再现性，可用于检验体积较大的水样，比多管发酵法能更快地获得肯定的结果。不过在检验浑浊度高、非大肠埃希菌类细菌密度大的水样时，有其局限性。

（三）测试片法

测试片法起源于20世纪后期，是一种新型的食品微生物快速检测方法。测试片法与显色培养基原理一致，通过将预先制备好的培养基、显色物质和冷水可凝胶附着在测试片上，显色剂由微生物代谢物质、显色基团组成，微生物生长过程中的代谢产生的酶与显色底物发生反应而显色。通过观察和计数颜色变化的菌落数，可以实现对样品中微生物的定量和定性分析。

　　测试片法在国内外食品微生物检验中均有广泛应用，菌落总数、大肠菌群、霉菌酵母、金黄色葡萄球菌、大肠埃希菌、沙门菌、李斯特菌等检测项目都有对应产品。比如菌落总数测试片含指示剂 TTC，细菌在测试片上生长时，细胞代谢产物与上层的指示剂 TTC 发生氧化还原反应，将指示剂还原成红色非溶解性产物，测试片上红色菌落判断为菌落总数。大肠菌群、大肠埃希菌检测纸片含有改良的 VRB 培养基及 β - 葡萄糖醛酸酶指示剂。绝大多数大肠埃希菌能产生 β - 葡萄糖醛酸酶，与培养基中的指示剂反应，产生蓝色沉淀环绕在大肠埃希菌菌落周围，表面覆盖的胶膜，可留住发酵乳糖产生的气体，形成蓝色和深蓝色的菌落并有气泡相连。大肠菌群菌落在测试片上产酸，pH 指示剂使培养基变为暗红色，在红色菌落周围有气泡者为大肠菌群。金黄色葡萄球菌测试片上包含改良的 Baird - Parker 培养基，对金黄色葡萄球菌有很强的选择性，出现紫红色菌落可直接计数为金黄色葡萄球菌。出现除紫红色以外的其他任何颜色（如黑色或蓝绿色），则必须进一步使用含有显色剂和脱氧核糖核酸（DNA）确认反应片，金黄色葡萄球菌产生的 DNA 酶和反应片中的显色剂形成粉红色晕圈。

　　与传统方法相比，测试片法省去了配制培养基和试剂、消毒、培养器皿的清洗处理等大量辅助性工作，随时可以开始进行抽样检测，结果判读以菌落显色为依据，相比传统培养基更容易计数，具有操作简单、判读清晰、降低误差、提高效率等优势。需要注意的是测试片法的灵敏度受到测试片制备和保存条件的影响，对于某些微生物的检出率可能较低。此外，测试片法为一次性使用，虽然避免了交叉污染，但成本相对较高。

【任务发布】

　　根据《出口饮料中菌落总数、大肠菌群、粪大肠菌群、大肠埃希菌计数方法　疏水栅格滤膜法》（SN/T 1607—2017），对液体饮料中粪大肠菌群进行测定。

【任务实施】

（一）器材、培养基和试剂准备

1. 设备和材料　除微生物实验室常规无菌及培养设备外，其他设备和材料如下。

（1）疏水栅格滤膜　孔径为 0.45μm。

（2）疏水栅格滤器。

（3）抽滤设备。

（4）培养箱　(36 ± 1)℃，(44.5 ± 0.5)℃。

（5）无菌吸管　1.0mL 和 10.0mL，分刻度分别为 0.1mL 和 1.0mL。

2. 培养基和试剂　除另有规定外，所用试剂均为分析纯，水为蒸馏水。

（1）胰化大豆硫酸镁琼脂（TSAM）。

（2）m - FC 琼脂。

（3）无菌生理盐水。

（二）检验操作步骤

1. 制备

（1）细菌含量较低的样品可用无菌量筒量取 50mL 直接过滤。

（2）细菌含量较高的样品，用无菌生理盐水将样品制成一系列 10 倍递增的样品稀释液，根据对污染情况的估计，选择适宜的稀释度用于检验。通常采用 1∶100 的稀释液，可得出 2～10000/mL 的计数范围，若预估计数较高，可用较高稀释倍数的稀释液。制备样品全过程不应超过 15 分钟。取 50mL 样品稀释液过滤。

（3）若饮料样液中含有可干扰过滤的较大颗粒物，应经粗滤去除后再过滤。

2. 过滤

（1）滤膜与滤器的灭菌　将滤膜放入烧杯中，加入蒸馏水，于沸水浴中煮沸灭菌三次，每次 15 分钟。前两次煮沸后需换水洗涤 2～3 次，以除去可能残留的溶剂。滤器灭菌，用点燃的酒精棉球火焰灭菌，也可用纱布和牛皮纸分别包装好滤器、接液瓶和垫圈，于 121℃ 蒸汽下，高压灭菌 20 分钟。

（2）将灭过菌的滤器连接到抽滤装置上，用无菌镊子夹取滤膜，将其放置在滤器底部，栅格面向上，用滤器配套的夹子固定。无菌移取 50mL 样液至滤器内，打开滤器阀门和真空泵电源进行抽滤；当全部样液滤过后，加 10～15mL 无菌生理盐水至滤器，重复抽滤步骤；当全部液体通过滤膜后，关闭滤器阀门和真空泵电源，松开夹子，打开滤器，用无菌镊子夹住滤膜边缘部分取出。

3. 培养　将滤膜移放到胰化大豆硫酸镁琼脂平板（TSAM）上，栅格面向上，滤膜与琼脂应完全贴紧，两者间不得留有气泡。(36±1)℃ 培养 4～5 小时，然后将滤膜移至 m－FC 琼脂平板上，(44.5±0.5)℃ 培养 (24±2) 小时。

（三）结果记录并分析处理

蓝色菌落，包括部分呈蓝色或底部呈蓝色的菌落为阳性菌落。计数所有含阳性菌落的方格数，并以此数值为 x，按式（1）求得每毫升样品中的粪大肠菌群最近似值（MPN）。

$$MPN = N \times \log\left[N\left(N-x\right)\right] \times D/50$$

式中，N 为滤膜上的方格总数；x 为阳性方格数；D 为稀释倍数。

（四）注意事项

（1）整个过程须保持无菌操作，避免杂菌污染。

（2）每次试验都要用无菌水做实验室空白测定，培养后的培养基上不得有任何菌落生长。否则，该次样品测定结果无效，应查明原因后重新测定。

（3）疏水栅格滤膜的计数范围通常在 1～5000，因此需要根据样品污染情况选择稀释度。

（4）计数时，培养基上呈蓝色的菌落为粪大肠菌群菌落，予以计数，其他呈黄色、淡黄色或无色等菌落不予计数。

🔗 **知识链接**

粪大肠菌群

粪大肠菌群是总大肠菌群的一个亚种，直接来自粪便，它除了具有较强的耐热性，能在 44～44.5℃ 的高温条件仍可生长繁殖并将色氨基酸代谢成吲哚，其他特性均与总大肠菌群相同。因此，可用提高培养温度的方法将自然环境中的大肠菌群与粪便中的大肠菌群区分开。在 37℃ 培养生长的大肠菌群，包括粪便内生长的大肠菌群称为总大肠菌群，在 44.5℃ 仍能生长的大肠菌群称为粪大肠菌群。

粪大肠菌群细菌在卫生学上具有重要的意义。食品一旦被污染，就可能被肠道病原菌污染而引起肠道传染病甚至流行病，如霍乱、伤寒、细菌性痢疾和阿米巴性痢疾以及脊髓灰质炎和传染性肝炎等病毒疾病。因此，精确、快速、可靠的粪大肠菌群检测方法对于准确及时地监测粪大肠菌群的污染状况、有效预报和控制流行性疾病的发生与传播有重要意义。

【任务考核】

粪大肠菌群测定的考核（SN/T 1607—2017）

考核点		考核内容	分值	记录
实验准备	实验室环境准备	确保实验室整洁，无菌操作台、超净工作台等设备运行正常	5分	
	实验器材准备	正确选择和准备疏水栅格滤膜、疏水栅格滤器、抽滤设备等。滤器使用前需高压灭菌（121℃，15～20分钟），或使用预灭菌包装产品	5分	
	样品准备	按照标准方法对样品进行采集、处理和保存，确保样品无污染	5分	
	安全防护	穿戴好实验服、手套、口罩等防护用品，确保实验过程安全	5分	
实验操作	制备	预先稀释至合适浓度，避免菌落过密影响计数。若样品含颗粒杂质，先用普通滤膜预过滤，防止堵塞疏水栅格	5分	
	过滤	1. 无菌操作下将滤膜正确安装在过滤装置中，确保滤膜与底座密封贴合，避免侧漏 2. 过滤时确保液体均匀覆盖滤膜表面，避免气泡残留 3. 过滤后，用适量无菌缓冲液冲洗滤膜表面	25分	
	培养	用无菌镊子将滤膜转移至选择性培养基，确保滤膜正面朝上且无皱褶	20分	
	菌落计数	根据目标菌特征判读，正确计算	10分	
实验报告	实验器材清洗与消毒	实验结束后，及时清洗和消毒实验器材，确保器材无残留污染	5分	
	实验室清洁与整理	保持实验室整洁，将实验废弃物妥善处理	5分	
	实验报告撰写	撰写详细的实验报告，包括实验目的、实验步骤、实验结果和实验结论等。报告格式规范，每毫升样品中的粪大肠菌群最近似值（MPN）	5分	
	数据分析与讨论	对实验结果进行数据分析，讨论可能的影响因素和改进措施	5分	
合计			100分	

目标检测

答案解析

1. 使用滤膜法进行微生物检验时，对样品有什么要求？
2. 滤膜法的一般检测流程是什么？

任务二　免疫检测技术方法

【知识学习】

免疫检测技术是基于抗原与抗体特异性结合的原理，通过检测样品中抗原或抗体的存在与否或含量多少，来判断样品中是否含有特定微生物或微生物毒素的一种方法。该方法具有灵敏度高、特异性强、操作简便等优点，在食品微生物快检快筛中具有广泛应用。通过将现有常规的免疫检测技术与日新月异的新型分析技术相结合，更多的基于免疫学的检测新方法被不断开发。

（一）酶联免疫吸附试验

酶联免疫吸附试验（enzyme-linked immunosorbent assay，ELISA）是一种基于抗原与抗体特异性结合及酶催化底物显色反应的免疫测定方法。该方法最初由瑞典学者 Engvail 和 Perlmann，以及荷兰学者 Van Weerman 和 Schuurs 分别在 1971 年报道，经过半个世纪的发展，已成为目前分析化学领域中的前沿课题之一。

ELISA 的原理是通过抗原与抗体的特异性免疫反应将待测物与酶连接，然后通过酶与底物产生颜色反应，用于定量或定性分析，具体步骤如下。

（1）将特异性抗体固定在固相载体表面，形成固相抗体。

（2）加入待测样品，样品中的抗原与固相抗体结合，形成固相抗原抗体复合物。

（3）洗涤除去未结合的抗原及杂质。

（4）加入酶标记的抗原或抗体，与固相抗原抗体复合物结合。

（5）再次洗涤，除去未结合的酶标记物。

（6）加入酶反应的底物，底物被酶催化水解或氧化还原反应而成为有色产物。

（7）通过比色测定有色产物的量，从而判断样品中抗原或抗体的含量。

ELISA 技术以其操作简便、灵敏度高、特异性强、结果直观等优点在病原微生物检验中得到了广泛应用，广泛用于检测血清或体液中的病原体抗原或抗体水平。在国内外相关食品检测标准中，ELISA 常被作为推荐方法之一，可用于检测食品中沙门菌、李斯特菌、金黄色葡萄球菌和副溶血弧菌等，能够快速、灵敏地检测出目标病菌。此外，若 ELISA 结合 PCR 技术的倍增放大效果开发 PCR – ELISA 检测技术，将进一步提高了检测灵敏度。

（二）荧光抗体检测方法

荧光抗体检测方法（fluorescent antibody method）是利用荧光素标记的抗体与病菌表面抗原特异性结合，在荧光显微镜下观察荧光信号，从而判断样品中是否存在目标病菌的一种方法。荧光抗体检测技术主要包括显微荧光抗体技术和流式荧光抗体技术。显微荧光抗体技术常用于组织切片或细胞涂片的检测，而流式荧光抗体技术则可用于细胞悬液的检测。按照抗体标记方式，荧光抗体检测技术包括直接法、间接法、补体法和双标记法四种。

1. 直接法　将特异性荧光抗体直接加在固定的待检标本上（含抗原），使之形成抗原 – 抗体复合物，以鉴定未知抗原。并可根据荧光的分布和形态，确定其抗原性。

2. 间接法　又称双抗体法。利用荧光标记抗体鉴定未知抗原或未知抗体，荧光标记的抗球蛋白抗体可检测各种未知抗原或抗体，其敏感性比直接法高 5 ~ 10 倍。

3. 补体法　利用荧光素标记抗补体抗体，以鉴定未知抗原或抗体。

4. 双标记法　用异硫氰酸荧光黄（FITC）和四乙基罗丹明（RB200）两种荧光素标记不同抗体，对同一基质样本进行检测，若有相应的两种抗原存在，则显示不同颜色的荧光。

荧光抗体检测方法具有灵敏度高、特异性强、操作简便等优点，特别适用于现场检测和初步筛查，可以快速、准确地确定食品是否被污染。例如，《乳及乳制品卫生微生物学检验方法　第 10 部分：阪岐肠杆菌检验　免疫荧光方法》（SN/T 2552.10—2010）规定了乳粉中阪崎肠杆菌的免疫荧光检验方法，使用间接法免疫荧光染色，根据菌体荧光亮度和菌量综合判定结果，适用于乳粉中阪崎肠杆菌的快速筛选。此外，该技术还可用于检测其他微生物，如沙门菌、大肠埃希菌、李斯特菌等。

（三）胶体金免疫层析法

胶体金又称金溶胶，是金盐（氯金酸）在还原剂的作用下形成带负电的金颗粒悬液。除了与蛋白质结合以外，还可以与许多其他生物大分子结合。由于是静电结合，所以不影响生物大分子的生物特性。1971 年，Faulk 和 Taytor 将兔抗沙门菌抗血清与胶体金颗粒结合，用直接免疫细胞化学技术检测沙门菌的表面抗原，从而将胶体金引入免疫化学。免疫胶体金技术利用特异性抗原 – 抗体反应，通过带颜色的胶体金作为标记物使免疫反应结果显现出来，应用于待测抗原或抗体的定性、定位以及定量检测。这种免疫标记技术具有操作简便、结果直观、特异性强等优点，在快速检测试剂中得到了广泛的应用和发展。用于免疫胶体金快速检测实验的方法主要有 3 种。

（1）斑点免疫金染色法（dot immuno – gold staining，Dot – IGS/IGSS） 以间接法检测抗体为例，蛋白质抗原通过静电吸附在硝酸纤维膜（NC 膜）上，随后加入的抗体通过与抗原特异性结合交联于 NC 膜上，然后再滴加胶体金标记的抗抗体，抗抗体和相应抗体的结合使抗原和抗体反应处发生金颗粒聚集，形成肉眼可见的红色斑点。

（2）斑点金免疫渗滤法（dot immuno – gold filtration assay，DIGFA） 此法原理完全同斑点免疫金染色法，只是在 NC 膜下垫有吸水性强的垫料，即为渗滤装置。以间接法为例，在加抗原后，迅速加抗体，再加金标记抗抗体，由于有渗滤装置，抗原抗体反应快，在数分钟内即可显出颜色反应。

（3）免疫胶体金层析技术（colloidal gold immunochromatography assay，GICA） 基本原理是夹心法。将已知的特异性抗原或抗体固定在 NC 膜（膜上吸附着干燥的金标抗体）上的检测带（T 带），在样品区滴加样品以后，借助毛细作用，样品在 NC 膜上向前移动。金标记复合物溶解，并且与样品进行抗原抗体反应形成免疫复合物，继续移动至 NC 膜的 T 带，带有金标记的复合物被 T 带抗原或抗体捕获，呈现红色条带。如样品中没有待测抗原或者是抗体，则不发生结合，即不显色。在 NC 膜 T 带附近一般再固定上针对金标结合物相应的抗原或抗体作为质控带（C 带），无论样品中有无待测物，C 带都应显示，如无，则检测失败。

免疫胶体金被广泛应用于生物医学、环境监测和食品安全等领域，可以检测血液中的病原微生物和生物标志物等，水体中的重金属离子和有机污染物等，以及食品中的微生物、农药残留、重金属和食品添加剂等。胶体金试纸条法因其简单、快捷、方便的特点在即时检测领域表现出显著的优势。

（四）免疫磁性分离技术

免疫磁性分离技术（immuno – magnetic separation，IMS）是免疫学与磁性微球技术结合的一种分离技术，通过磁场作用使得磁珠表面所吸附的特异靶标物从样品中分离。免疫磁性分离技术富集效果主要受抗体特异性、磁珠直径、磁珠添加量、孵育时间和样本 pH 影响，其中抗体特异性是影响磁珠富集效果的关键。该技术已广泛应用于医学、生物学以及环境和食品卫生检测等方面，操作简便，分离效率高。

食品检样常为固液多相混合体，常规方法难以将少量的致病微生物分离出来。免疫磁性分离技术利用免疫磁珠与目标微生物细胞表面抗原的特异性结合，在外磁场中，通过抗体与磁珠相连的细胞被吸附而滞留在磁场中，无该种表面抗原的细胞由于不能与相连着磁珠的特异性单抗结合而没有磁性，不在磁场中停留，可以实现微生物的快速分离和富集，与常规检验方法相比，大大节约了前处理时间。特别适用于从含有大量杂菌的悬液有选择性地分离出目的微生物，如在乳制品中快速分离沙门菌，为后续的检测和鉴定提供了极大便利。研究表明，使用免疫磁性分离技术可使前增菌时间从常规 2 ~ 3 天缩短至 7 小时，对含 100CFU/mL 痕量致病菌样品的前处理，可使目标菌快速增加至 10^3CFU/mL 以上，目标微生物的捕获率至 90% 以上。而且，作为高效的前处理方法，采用免疫磁分离微生物致病菌后，进一步与其他快速检测技术相结合（如 ELISA、LAMP、PCR、qPCR），提高了检测效率与方法的灵敏度，使快速检测技术的优势得到更大的发挥。

【任务发布】

根据《食品安全国家标准　食品微生物学检验　大肠埃希菌 O157：H7/NM 检验》（GB 4789.36—2016）（第二法：免疫磁珠捕获法），对食品中大肠埃希菌 O157：H7/NM 进行测定。

【任务实施】

（一）器材、培养基和试剂准备

1. 设备和材料　除微生物实验室常规无菌及培养设备外，其他设备和材料如下。

（1）恒温培养箱　（36±1）℃。

（2）冰箱　2~5℃。

（3）恒温水浴箱　（46±1）℃。

（4）天平　感量 0.1、0.01g。

（5）均质器。

（6）显微镜　10~100 倍。

（7）无菌吸管　1mL（具 0.01mL 刻度）、10mL（具 0.1mL 刻度）或移液器及吸头。

（8）无菌均质杯或无菌均质袋　容量 500mL。

（9）无菌培养皿　直径 90mm。

（10）pH 计或精密 pH 试纸。

（11）长波紫外光灯　365nm，功率≤6W。

（12）微量离心管　1.5mL 或 2.0mL。

（13）磁力分选装置（磁板、磁板架）、样品混合器。

（14）微生物鉴定系统。

2. 培养基和试剂

（1）改良 EC 肉汤（mEC+n）。

（2）改良山梨醇麦康凯琼脂（CT-SMAC）。

（3）三糖铁琼脂（TSI）。

（4）营养琼脂。

（5）半固体琼脂。

（6）月桂基硫酸盐胰蛋白胨肉汤-MUG（MUG-LST）。

（7）氧化酶试剂。

（8）革兰染色液。

（9）PBS-Tween20 洗液。

（10）亚碲酸钾（AR 级）。

（11）头孢克肟（Cefixime）。

（12）大肠埃希菌 O157 显色培养基。

（13）大肠埃希菌 O157 和 H7 诊断血清或 O157 乳胶凝集试剂。

（14）鉴定试剂盒。

（15）抗-*E. coli* O157 免疫磁珠。

（二）检验操作步骤

1. 增菌 以无菌操作取检样25g（或25mL）加入含有225mL改良EC肉汤的均质袋中，在拍击式均质器上连续均质1~2分钟；或放入盛有225mL改良EC肉汤的均质杯中，8000~10000r/min均质1~2分钟，（36±1）℃培养18~24小时。

2. 免疫磁珠捕获与分离

（1）混合 将微量离心管按样品和质控菌株进行编号，每个样品使用1个微量离心管，然后插入磁板架上。在漩涡混合器上轻轻振荡 E. coli O157 免疫磁珠溶液后，用开盖器打开每个微量离心管的盖子，每管加入20μL E. coli O157 免疫磁珠悬液。取改良EC肉汤增菌培养物1mL，加入微量离心管中，盖上盖子，然后轻微振荡10秒。每个样品更换1只加样吸头，质控菌株必须与样品分开进行，避免交叉污染。

（2）结合 在18~30℃环境中，将上述微量离心管连同磁板架放在DynalMX1样品混合器上转动或用手轻微转动10分钟，使 E. coli O157 与免疫磁珠充分接触。

（3）捕获 将磁板插入磁板架中浓缩磁珠。在3分钟内不断地倾斜磁板架确保悬液中与盖子上的免疫磁珠全部被收集起来，此时，在微量离心管壁中间明显可见圆形或椭圆形棕色聚集物。

（4）吸取上清液 取1支无菌加长吸管，从免疫磁珠聚集物对侧深入液面，轻轻吸走上清液。当吸到液面通过免疫磁珠聚集物时，应放慢速度，以确保免疫磁珠不被吸走。

（5）免疫磁珠的滑落 某些样品特别是那些富含脂肪的样品，其磁珠聚集物易于滑落到管底。在吸取上清液时，很难做到不丢失磁珠，在这种情况下，可保留50~100μL上清液于微量离心管中。如果在后续的洗涤过程中也这样做的话，脂肪的影响将减小，也可达到充分捕获的目的。

（6）洗涤 从磁板架上移走磁板，在每个微量离心管中加入1mL PBS-Tween20 洗液，转动磁板架3次以上，洗涤免疫磁珠混合物。

（7）免疫磁珠悬浮 移走磁板，将免疫磁珠重新悬浮在100μL PBS-Tween20 洗液中。

3. 涂布平板 用漩涡混合器将免疫磁珠混匀，用加样器各取50μL免疫磁珠悬液分别转移至 CT-SMAC 平板和大肠埃希菌 O157 显色琼脂平板一侧，然后用无菌涂布棒将免疫磁珠涂布平板的一半，再用接种环划线接种平板的另一半。待琼脂表面水分完全吸收后，翻转平板，于（36±1）℃培养18~24小时。若 CT-SMAC 平板和大肠埃希菌 O157 显色琼脂平板表面水分过多时，应在37℃下干燥10~20分钟，涂布时避免将免疫磁珠涂布到平板的边缘。

4. 菌落识别 在 CT-SMAC 平板上，典型菌落为圆形、光滑、较小的无色菌落，中心呈现较暗的灰褐色；在大肠埃希菌 O157 显色琼脂平板上的菌落特征按产品说明书进行判定。

5. 初步生化试验 在 CT-SMAC 和大肠埃希菌 O157 显色琼脂平板上分别挑取5~10个可疑菌落，分别接种 TSI 琼脂，同时接种 MUG-LST 肉汤，并用大肠埃希菌株（ATCC25922或等效标准菌株）做阳性对照和大肠埃希菌 O157：H7（NCTC12900或等效标准菌株）做阴性对照，于（36±1）℃培养18~24小时。必要时进行氧化酶试验和革兰染色。在 TSI 琼脂中，典型菌株为斜面与底层均呈黄色，产气或不产气，不产生硫化氢（H_2S）。置 MUG-LST 肉汤管于长波紫外灯下观察，MUG 阳性的大肠埃希菌株应有荧光产生，MUG 阴性的应无荧光产生，大肠埃希菌 O157：H7/NM 为 MUG 试验阴性，无荧光。挑取可疑菌落，在营养琼脂平板上分纯，于（36±1）℃培养18~24小时，并进行下列鉴定。

6. 鉴定

（1）血清学试验 在营养琼脂平板上挑取分纯的菌落，用 O157 和 H7 诊断血清或 O157 乳胶凝集试剂做玻片凝集试验。对于 H7 因子血清不凝集者，应穿刺接种半固体琼脂，检查动力，经连续传代3次，动力试验均阴性，确定为无动力株。如使用不同公司生产的诊断血清或乳胶凝集试剂，应按照产品说明书进行。

（2）生化试验　自营养琼脂平板上挑取菌落，进行生化试验。或从营养琼脂平板上挑取菌落，用稀释液制备成浊度适当的菌悬液，使用生化鉴定试剂盒或微生物鉴定系统进行鉴定。

（三）结果记录并分析处理

综合生化和血清学试验结果，报告25g（或25mL）样品中检出或未检出大肠埃希菌O157：H7或大肠埃希菌O157：NM。

（四）注意事项

（1）应按照生产商提供的使用说明进行免疫磁珠捕获与分离。严格按照说明书操作，避免样品交叉污染，所有实验步骤均需戴手套。

（2）在15～25℃室温操做磁分离试验，所有的试剂在使用前需恢复到室温。

（3）使用前应保证磁球充分悬浮在溶液中。

（4）对于富含油脂或黏滞的特殊样品，需在增菌后用缓冲液稀释一定倍数才能作为免疫磁分离的待检样品。

【任务考核】

大肠埃希菌O157：H7/NM测定的考核［GB 4789.36—2016（第二法）］

考核点		考核内容	分值	记录
实验准备	实验室环境准备	确保实验室整洁，无菌操作台、超净工作台等设备运行正常	5分	
	实验器材准备	正确选择和准备免疫磁珠捕获磁板、磁力架、恒温摇床、培养箱是否正常。核对免疫磁珠（O157：H7特异性）、培养基、试剂有效期	5分	
	样品准备	按照标准方法对样品进行采集、处理和保存，确保样品无污染	5分	
	安全防护	穿戴好实验服、手套、口罩等防护用品，确保实验过程安全	5分	
实验操作	样品处理和增菌	无菌操作称取25g（mL）样品加入225mL改良EC肉汤，均质，确保混合均匀	5分	
	免疫磁珠捕获	1. 磁珠平衡至室温直接使用 2. 轻轻混匀磁珠悬液 3. 混合时，每个样品更换1只加样吸头 4. 磁分离时间充足 5. 洗涤彻底	20分	
	涂布培养	无菌涂布棒将免疫磁珠涂布平板的一半，再用接种环划线接种平板的另一半	5分	
	可疑菌落挑选	观察典型菌落（无色透明，直径1～2mm，中心呈暗灰色）	10分	
	生化试验	分别挑取5～10个可疑菌落，培养并进行生化试验，结果准确	10分	
	血清学试验	正确操作血清学凝集试验，正确判读凝集现象	10分	
实验报告	实验器材清洗与消毒	实验结束后，及时清洗和消毒实验器材，确保器材无残留污染	5分	
	实验室清洁与整理	保持实验室整洁，将实验废弃物妥善处理	5分	

续表

考核点		考核内容	分值	记录
实验报告	实验报告撰写	撰写详细的实验报告，包括实验目的、实验步骤、实验结果和实验结论等。报告格式规范，25g（或25mL）样品中检出或未检出大肠埃希菌 O157：H7 或大肠埃希菌 O157：NM	5分	
	数据分析与讨论	对实验结果进行数据分析，讨论可能的影响因素和改进措施	5分	
		合计	100分	

目标检测

答案解析

1. 酶联免疫吸附试验的原理是什么？
2. 免疫胶体金检测卡使用时，层析缓慢或不层析的原因是什么？

任务三　分子生物学检测方法

【知识学习】

随着分子生物学技术的不断发展，PCR、核酸分子杂交和基因芯片等技术在食品微生物检验中的应用前景越来越广阔，成为食品微生物快检快筛领域的重要技术手段。一方面，这些技术不断提高灵敏度和特异性，降低检测成本，提高检测效率。另一方面，这些技术与新兴的生物信息学、纳米技术等相结合，推动食品微生物检验技术的创新和发展。例如，通过结合纳米技术和生物传感器技术，可以实现食品中病原微生物的实时在线监测和快速预警。随着人们对食品安全问题的日益关注，这些技术在食品微生物检验中的应用将得到更多的政策支持和资金投入，推动其在食品安全保障中发挥更大的作用。

（一）核酸探针技术

核酸分子杂交技术是基于核酸分子间碱基互补配对原则的一种检测技术。其起源可追溯至20世纪60年代，主要包括荧光原位杂交技术、菌落原位杂交技术、Northern印迹法、斑点杂交技术、芯片杂交技术、Southern印迹法等。例如，待测核酸分子（单链或双链变性后的单链）与已知序列的带有标记（如放射性、荧光等）的核酸探针（单链）在适宜的条件下形成杂交分子。杂交分子的形成可以通过检测杂交信号（如放射性信号、荧光信号等）来实现对目标核酸分子的定性和定量检测，进而确定目标微生物的有无。随着分子生物学技术的不断发展，核酸分子杂交技术逐渐成为一种重要的分子生物学研究方法。

核酸分子杂交技术的发展经历了从液相杂交到固相杂交、从同位素标记到非同位素标记的演变。液相杂交是最早的核酸分子杂交方法，但操作繁琐且灵敏度较低。固相杂交通过将核酸分子固定在固相载体上，简化了操作过程并提高了灵敏度。同位素标记虽然灵敏度高，但存在放射性污染和安全隐患。非同位素标记如生物素标记、荧光标记等逐渐取代了同位素标记，成为核酸分子杂交技术的主流。

核酸分子杂交技术在食品微生物检验中的应用得到国内外广泛认可。我国多项食品安全国家标准和行业标准中规定了核酸分子杂交技术在食品中病原微生物检验中的具体应用方法和要求，如食品中沙门菌、副溶血性弧菌等病原微生物的核酸分子杂交检测方法。对于一些难以通过传统培养方法检测的病原体，核酸分子杂交技术也能发挥作用，像某些病毒类病原体，可通过检测其核酸来确定是否存在于食品中，为食品安全检测提供了有力手段。

核酸分子杂交技术具有高特异性、高灵敏度和高效的优点。能够检测到低浓度的微生物核酸并特异性地识别目标微生物的核酸序列，有效避免了传统检测方法中因微生物表型相似而导致的误判，一般可在 1~2 天内完成检测，有些情况下甚至几个小时即可得到结果。对于快速判断食品微生物安全性情况，如食品生产线上的质量控制、食物中毒事件的快速诊断等非常有利。对于食品中的微生物检验则存在一定局限性，如食品样品中杂质（如蛋白质、多糖等）的干扰，会影响核酸提取质量。此外，传统的核酸杂交无法区分活细胞和死细胞，可结合荧光原位杂交结合活细胞染色技术来区分样品中微生物的存活状态。

（二）PCR 技术

PCR 技术，即聚合酶链式反应，是现代分子生物学领域的一项革命性技术。其起源可追溯至 20 世纪 70 年代末至 80 年代初，由美国科学家 Kary Mullis 发明。PCR 技术的原理基于 DNA 的双螺旋结构和碱基互补配对原则。PCR 反应包括变性 – 退火 – 延伸三个基本反应步骤，DNA 双链在高温下变性解链成单链，然后在较低温度下引物与单链 DNA 模板特异性结合，形成引物 – 模板复合物。在 DNA 聚合酶的作用下，以 dNTP 为原料合成新的 DNA 链，完成一轮 DNA 复制。这一过程在循环往复中进行，使 DNA 片段数量呈指数级增长。PCR 技术的发展经历了从基本技术到多种衍生技术的演变，除了常规 PCR 技术外，实时荧光定量 PCR、逆转录实时荧光定量 PCR、反向 PCR、多重 PCR、数字 PCR 等衍生技术相继出现，进一步提高了 PCR 技术的灵敏度和特异性。

1. 实时荧光 PCR 技术　在常规 PCR 技术的基础上，实时荧光 PCR 技术引入了荧光标记探针，通过实时监测 PCR 扩增过程中的荧光信号变化，实现了对病原微生物的定量检测。该技术不仅灵敏度高、特异性强，还能准确反映病原体在样本中的含量，有效避免假阳性和假阴性的检测结果，从而实现了对目标 DNA 扩增情况的实时监测。在食品微生物检验中，该技术广泛应用于病毒、细菌等微生物的检测，为食品安全提供了有力的技术支持。

2. 多重 PCR 技术　进一步提升了微生物的检测效率。它能够在同一反应体系中同时扩增多个目标 DNA 片段，极大地提高了检测通量。也允许在同一反应体系中同时检测多种微生物，通过设计多对特异性引物，实现对多种目标 DNA 的同步扩增。常规 PCR 技术在检测乳制品中的沙门菌时，准确率达到 98.5%，检测时间为 4 小时；多重 PCR 技术能够同时检测多种致病菌，如沙门菌和大肠埃希菌 O157：H7，在肉类样品中的准确率为 99.2%，检测时间为 3 小时。

PCR 技术在食品微生物检验中的应用已得到国内外广泛认可，在食品检验、生物、医学、农学等领域均得到广泛应用。在国内，多项食品安全国家标准和行业标准中均规定了 PCR 技术在食品微生物检验中的具体应用方法和要求，大大提高食品中多种污染物的筛查效率。例如，GB 4789 系列标准和 SN 标准中就有关于食品中沙门菌、志贺菌、金黄色葡萄球菌等病原微生物的 PCR 检测方法。在国际上，PCR 技术同样被广泛应用于食品微生物检验中，国际标准化组织（ISO）、美国食品药品管理局（FDA）、欧洲食品安全局（EFSA）等机构均制定了相应的 PCR 检测标准和指南。

PCR 技术优势明显，速度快，操作方便，具有较大扩增能力与极高的灵敏性。但也存在一些弊端，如易造成污染，而极其微量的污染即可造成假阳性的产生。可通过设置阳性和阴性对照，来监测 PCR 反应是否成功、产物条带是否合乎要求以及检测过程中是否受到污染。

（三）基因芯片技术

基因芯片技术是现代生物信息学、微电子和分子生物学领域交叉发展的一项重要技术。其起源可追溯至 20 世纪 80 年代中期，已逐渐成为一种重要的高通量检测技术，目前主要应用于疾病的诊断与治疗和药物研究。微生物检验基因芯片是指用来检测样品中是否含有微生物目的核酸片段的芯片。首先将大量特定序列的基因寡核苷酸点样固定在固相载体（如玻璃片、硅片等）表面，形成密集的基因点阵。然后从待检测的食品微生物中提取核酸并进行扩增和标记。接着进行分子杂交，将标记后的样品核酸与芯片上的基因点阵进行杂交。最后通过杂交信号检测，利用特定仪器检测杂交信号的强度及分布，通过确定荧光强度最强的探针位置，从而确定检测样品中特定微生物的存在与丰度。

根据探针合成顺序不同，基因芯片可分为原位合成基因芯片和预先合成后点样基因芯片；根据载体机制不同，可分为无机片基和有机合成物片基；根据芯片功能不同，可分为基因表达谱芯片和 DNA 测序芯片。具有高密度特性的寡核苷酸芯片，主要采用原位合成方法；具有低密度特性的芯片采用的是点样方法，如 cDNA 芯片和 DNA 芯片。

基于高通量、微型化和平行分析的特点，微生物检验基因芯片可用于食品微生物群落结构研究、病原体检测、功能基因检测、基因分型、突变检测、基因组监测等研究领域。但由于基因芯片的成本高、技术要求高、保存条件高，限制了其使用的普及度，特别在食品微生物检验标准中的应用相对较少。但随着技术的不断进步和成本的降低，基因芯片技术在食品微生物检验中的应用前景广阔。

【任务发布】

根据《食品安全国家标准　食品微生物学检验　诺如病毒检验》（GB 4789.42—2025），使用实时荧光 RT‑PCR 检测方法，对胡萝卜表面的诺如病毒进行检验。

【任务实施】

（一）器材、培养基和试剂准备

1. 设备和材料　除微生物实验室常规无菌及培养设备外，其他设备和材料如下。

（1）实时荧光 PCR 仪。

（2）低温离心机。

（3）无菌刀片或等效均质器。

（4）涡旋仪。

（5）天平　感量为 0.1g。

（6）振荡器。

（7）水浴锅。

（8）离心机。

（9）高压灭菌锅。

（10）低温冰箱　−80℃。

（11）微量移液器。

（12）pH 计或精密 pH 试纸。

（13）网状过滤袋　400mL。

（14）无菌棉拭子。

（15）橡胶垫。

（16）无菌剪刀。

（17）无菌钳子。

（18）无菌培养皿。

（19）无 RNase 玻璃容器。

（20）无 RNase 离心管、无 RNase 移液器吸嘴、无 RNase 药匙、无 RNasePCR 薄壁管。

2. 培养基和试剂 除有特殊说明外，所有实验用试剂均为分析纯；实验用水均为无 RNase 超纯水。

（1）GⅠ、GⅡ基因组诺如病毒的引物、探针。

（2）过程控制病毒的引物、探针。

（3）过程控制病毒。

（4）外加扩增控制 RNA。

（5）Tris/甘氨酸/牛肉膏（TGBE）缓冲液。

（6）5×PEG/NaCl 溶液（500g/L 聚乙二醇 PEG8000，1.5mol/L NaCl）。

（7）磷酸盐缓冲液（PBS）。

（8）三氯甲烷/正丁醇的混合液。

（9）蛋白酶 K 溶液。

（10）75% 乙醇。

（11）Trizol 试剂。

（二）检验操作步骤

1. 病毒提取 将无菌棉拭子使用 PBS 湿润后，用力擦拭食品表面（50cm² ≤ 擦拭面积 ≤ 100cm²）。记录擦拭面积。将 10μL 过程控制病毒添加至该棉拭子。将棉拭子浸入含 490μL PBS 试管中，紧贴试管一侧挤压出液体。如此重复浸入和挤压 3~4 次，确保挤压出最大量的病毒，测定并记录液体毫升数，用于后续 RNA 提取。

2. RNA 提取和纯化

（1）病毒裂解 将病毒提取液加入离心管，加入病毒提取液等体积 Trizol 试剂，混匀，激烈振荡，室温放置 5 分钟，加入 0.2 倍体积三氯甲烷，涡旋剧烈混匀 30 秒，12000r/min，离心 5 分钟，上层水相移入新离心管中，不能吸出中间层。

（2）RNA 提取 离心管中加入等体积异丙醇，颠倒混匀，室温放置 5 分钟，12000r/min，离心 5 分钟，弃上清，倒置于吸水纸上，沾干液体。

（3）RNA 纯化 每次加入等体积 75% 乙醇，颠倒洗涤 RNA 沉淀 2 次。于 4℃，12000r/min，离心 10 分钟，小心弃上清，倒置于吸水纸上，沾干液体。加入 16μL 无 RNase 超纯水，轻轻混匀，溶解管壁上的 RNA，2000r/min，离心 5 秒，冰上保存备用。

3. 质量控制 包括空白对照（无 RNase 超纯水）、阴性对照（阴性提取对照 RNA）、阳性对照（外加扩增控制 RNA）、过程控制病毒（食品中过程控制病毒 RNA 的提取效率）、外加扩增控制（扩增抑制指数）。

4. 执行 PCR 循环 将反应体系装入热循环仪并进行 PCR 循环，检测 GⅠ 或 GⅡ 基因组诺如病毒。

（三）结果记录并分析处理

1. 检测有效性判定

（1）需满足质量控制要求，检测方式有效 空白对照阴性、阴性对照阴性、阳性对照阳性。

（2）过程控制需满足 提取效率 ≥ 1%；如提取效率 < 1%，需重新检测；但如提取效率 < 1%，检

测结果为阳性，也可酌情判定为阳性。

（3）扩增控制需满足　抑制指数<2.00；如抑制指数≥2.00，需比较10倍稀释食品样品的抑制指数；如10倍稀释食品样品扩增的抑制指数<2.00，则扩增有效，且需采用10倍稀释食品样品RNA的Ct值作为结果；10倍稀释食品样品扩增的抑制指数也≥2.00时，扩增可能无效，需要重新检测；但如抑制指数≥2.00，检测结果为阳性，也可酌情判定为阳性。

2. 结果判定　待测样品的Ct值大于等于45时，判定为诺如病毒阴性；待测样品的Ct值小于等于38时，判定为诺如病毒阳性；待测样品的Ct值大于38，小于45时，应重复检测；重复检测结果大于等于45时，判定为诺如病毒阴性；小于45时，判定为诺如病毒阳性。

3. 报告　根据检测结果，报告"检出诺如病毒基因"或"未检出诺如病毒基因"。

（四）注意事项

（1）样品处理一般应在4℃以下的环境中进行运输。实验室接到样品后应尽快进行检测，如果暂时不能检测应将样品保存在-80℃冰箱中，试验前解冻。样品处理和PCR反应应在单独的工作区域或房间进行。每个样品可设置2~3个平行处理。

（2）病毒RNA可手工提取和纯化，也可使用商品化病毒RNA提取纯化试剂盒。提取完成后，为延长RNA保存时间可选择性加入RNase抑制剂。操作过程中应佩戴一次性橡胶或乳胶手套。提取出来的RNA立即进行反应，或保存在4℃冰箱中，保存时间小于8小时。如果长期储存建议置于-80℃冰箱中保存。

📎 **知识链接**

诺如病毒

诺如病毒属于杯状病毒科，是引起急性胃肠炎常见的病原体之一。诺如病毒具有感染剂量低、排毒时间长、外环境抵抗力强等特点，容易在学校、托幼机构等相对封闭环境引起胃肠炎高发。患者、隐性感染者和病毒携带者是主要传染源。可人传人、经食物和经水传播。主要通过摄入被粪便或呕吐物污染的食物或水、接触患者粪便或呕吐物、吸入呕吐时产生的气溶胶以及间接接触被粪便或呕吐物污染的物品和环境等感染。

【任务考核】

诺如病毒测定的考核（GB 4789.42—2025）

考核点		考核内容	分值	记录
实验准备	实验室环境准备	确保实验室整洁，无菌操作台、超净工作台、生物安全柜等设备运行正常。严格划分三区：试剂配制区、样品处理区、扩增区，避免交叉污染	5分	
	实验器材准备	1. 检查实时荧光PCR仪、离心机、涡旋振荡器是否正常 2. 核对核酸提取试剂盒、诺如病毒特异性引物探针、阴性/阳性对照有效期 3. 使用RNase-free耗材	5分	
	样品准备	按照标准方法对样品进行采集、处理和保存，确保样品无污染	5分	
	安全防护	穿戴好实验服、手套、口罩等防护用品，确保实验过程安全	5分	

续表

考核点		考核内容	分值	记录
实验操作	病毒提取	重复浸入和挤压棉拭子 3~4 次	5 分	
	核酸提取和纯化	1. 裂解彻底 2. 操作快速 3. 冰上保存	20 分	
	实时荧光 RT–PCR 检测	1. 按比例配制反应体系 2. 必须包含空白对照、阴性对照、阳性对照、内标对照等 3. 正确设置扩增程序 4. 根据探针标记选择对应通道	25 分	
	结果判定	根据待测样品的 Ct 值，正确判定诺如病毒阴性或阳性	10 分	
实验报告	实验器材清洗与消毒	实验结束后，及时清洗和消毒实验器材，确保器材无残留污染	5 分	
	实验室清洁与整理	保持实验室整洁，将实验废弃物妥善处理	5 分	
	实验报告撰写	撰写详细的实验报告，包括实验目的、实验步骤、实验结果和实验结论等。报告格式规范，注明"检出诺如病毒基因"或"未检出诺如病毒基因"	5 分	
	数据分析与讨论	对实验结果进行数据分析，讨论可能的影响因素和改进措施	5 分	
合计			100 分	

目标检测

答案解析

1. 导致 PCR 检测结果假阳性的因素有哪些?
2. 核酸杂交技术的原理是什么?

参考文献

［1］刘欢. 食品变质微生物及其检测方法研究综述［J］. 工业微生物，2024，54（04）：40－42.

［2］郭亦然. 新型食品微生物检验技术的应用策略［J］. 中外食品工业，2024，（12）：49－51.

［3］银菊香. PCR技术在食品微生物检验中的应用研究进展［J］. 食品安全导刊，2024，（27）：144－146.

［4］吕绿青. 快速检测技术在食品检测中的应用研究进展［J］. 食品安全导刊，2024，（21）：160－162.

［5］郑露. 微生物检验技术最新进展在病原微生物识别中的应用探索［C］//中国生命关怀协会. 生命关怀与智慧康养系列学术研讨会论文集：护理管理中的破冰行动. 重庆医药高等专科学校，2024：3.

［6］聂树强. 食品微生物检验技术应用研究进展［J］. 食品安全导刊，2024，（20）：173－175.